U0902868

The future of planning

增长主义的终结？
城市规划的转型

Yvonne Rydin
伊冯娜·赖丁／著

规划的未来

——超越增长依赖

（2013年英国初版）

刘合林　贾艳飞／译

HAN BOOK 版
武汉出版社
WUHAN
PUBLISHING HOUSE

(鄂)新登字 08 号

图书在版编目(CIP)数据

规划的未来:超越增长依赖/(英)伊冯娜·赖丁著;
刘合林,贾艳飞译.—武汉:武汉出版社,2017.3(2018.12 重印)
ISBN 978-7-5582-1192-8
Ⅰ.规…　Ⅱ.①伊…　②刘…　③贾…
Ⅲ.①城市规划—研究—英国　Ⅳ.①TU984.561
中国版本图书馆 CIP 数据核字(2017)第 036265 号

著　　者:(英)伊冯娜·赖丁
译　　者:刘合林　贾艳飞
责任编辑:李艳芬　张雨濛
封面设计:刘福珊
出　版:武汉出版社
社　址:武汉市江岸区兴业路 136 号　　邮　编:430014
电　话:(027)85606403　85600625
http://www.whcbs.com　　E-mail:zbs@whcbs.com
印　刷:武汉市金港彩印有限公司　　经　销:新华书店
开　本:880mm×1230mm　1/32
印　张:9.75　　字　数:226 千字
版　次:2017 年 3 月第 1 版　　2018 年 12 月第 2 次印刷
定　价:68.00 元

目　录

图表与盒子目录 >>>

图示目录

表格目录

盒子目录

中文译版前言 >>>

英国现代城市规划的产生，最早源于解决各种社会问题，特别是卫生和住房问题。受到早期社会问题和政府职能定位的影响，规划在早期作为一种公共政策的属性非常明显。1989 年，霍华德出版了《明天：走向真正改革的和平之路（Tomorrow：A Peaceful Path to Real Reform）》，建立了第一个比较完整的现代城市规划思想体系。如本书原著作者赖丁在本书中强调的那样：田园城市中最具价值的思想不是空间分区和功能布局，而是其所提出来的社会组织模式和保证田园城市运行所需的资金的运作模式。然而，这一传统并没有得到广泛而有效的继承和发展，至少在 20 世纪 70 年代之前的英国是如此。

在 20 世纪 70 年代以前，英国政府和学者对规划的一个很盛行的假定，就是认为规划体系应该能够通过引导性规划、法规以及土地所有制的效力等的综合作用来引导城市变革，同时引导公共领域的发展和重大基础设施的投资。这一过程所需要的资金，需要市场导向的城市开发来实现。一方面，这些开发项目能够带来城市的各类商业活动的繁荣，基础设施的改善以及就业机会的增加；另一方面，在蓬勃经济发展的条件下，政府又能够获得大量的税收，通过对这些税收的再分配和合理利用，将能够实现城市总体公共空间的品质提升和地方社区利益的满足。因此，规划体制的理性逻辑就是要为这种增长依赖模式铺平道路。

然而，20世纪70年代的经济危机让这种基于增长的规划面临巨大困境：在市场需求低迷的情况下，规划的愿景往往因丧失市场动力而得不到实现，而公共空间的品质和地方社区的福利因税收的下降而大受影响，规划的效力一时间受到了巨大质疑。然而，我们必须认识到，虽然政府有责任保证公共产品的提供和社会福利的供给，但仅仅依靠政府财政支出终究不是解决问题的办法，一方面源于政府的财政预算有限，特别是在经济低迷时期；另一方面是因为市场力量依然是城市发展和建成环境品质改善的核心驱动力。那么，规划的核心问题就是如何充分利用规划管控手段和土地制度手段，充分利用市场力量，均衡公共部门和私有部门的相互关系，即使在低经济增长的条件下，依然能够实现规划的根本目的：打造公正和可持续的城市环境，提升全社会幸福感。

目前，我国规划的编制和实践，多数情况下都是以高增长为基本假设前提。我国过去30年的经济高速增长，为我国这种规划编制和实践逻辑提供了重要保障。然而，随着我国经济结构的高级化和经济发展的“新常态”化，加上我国即将面临的严重老龄化问题，当前仍在实施的增长依赖的规划范式是否还能够继续有效，是否还能够适应新时期的需要是值得深思的。赖丁的这本书，正是对英国增长依赖型规划范式的一次有力反思，并提出了相应的改革措施。相信这本书对我国来讲，是非常及时的，也是具有重要借鉴价值的。虽然中英两国差异很大，但本书提出的许多规划问题和相应的解决办法，能够为我国规划的发展、完善和改革提供新思维。

本书共计十章。全书由刘合林、贾艳飞校核统稿。具体翻译工作分工如下：前言（刘合林），第一章（刘合林），第二章（程晓梅、刘合林），第三章（程晓梅、刘合林），第四章（刘合林），第五章（刘合林），第六章（程晓梅，刘合林），第七章（许广通、贾艳飞），第八章（贾艳飞），第九章（许广通、贾艳飞），第十章（刘合林），注释（许广通），索引（许广通）。

学术专著的翻译，不仅耗时耗力，而且需要非常严谨的学术思维和仔细的工作态度，因此我们首先需要感谢参与本书翻译工作的所有人员，没有他们的辛勤劳动，本译著不可能在三个半月左右的时间内完成。同时也需要感谢我们各自的家人对我们工作的支持和理解。在过去的两个月左右的时间里，我们往往因为潜心于翻译工作而常常很晚才能回家，对此，家人都给予了极大的理解和支持。

感谢武汉市规划编制研究和展示中心的胡忆东主任、王敏部长、邓化缘规划师，他们在此翻译过程中给予了大力支持，开展了多次的协调沟通工作。感谢武汉出版社的邹德清副总编辑和李艳芬、明廷雄、张雨濛三位编辑。他们的热情、理解和支持是我们的翻译团队能够顺利完成翻译工作的基石；他们和出版社其他工作人员所做的出色的协调、校核和排版工作，则是本译作能够精美呈现给读者的保证。最后，特别感谢如下基金对本译作出版的资助：青年千人计划项目（D1218006）、中央高校基本科研业务资助项目（2014QNRC027，2015MS106）。

刘合林、贾艳飞

2016 年 6 月 15 日于喻园

前　言 >>>

在《规划的目的（The purpose of planning）》[1]一书的篇末，我提出了三个值得熟记的观点。第一，强调了建成环境的变化发展是私有部门构成的开发市场的驱动结果，因此必须将规划过程所能发挥的作用和所能带来的结果置于这样的经济动力过程之中来认知。第二，由于各种结构上和政治上的原因，实施公众参与往往面临很多困难，并且规划实践者和理论家的期待和愿景也不见得总是能够实现。第三，规划应该是为人们创造一个更优良的生活环境；然而，由于私人利益和公共利益之间往往会存在不可避免的不一致性，因此有关规划的讨论应该从传统的强调规划过程转变到对这种本质问题的探讨上。可持续发展可以作为改善生活环境的一个很好措施，其重点是民生、生活质量和环境福祉的保护。

在结论部分，这本书对上述的三个重点，即民生、生活质量和社会福祉在一个更加可持续的未来将会有什么不同做了简要叙述，特别关注了在低增长未来的情况下可能的上述三方面的不同前景。采用提姆·杰克逊（Tim Jackson）在《没有增长的繁荣（Prosperity without growth）》[2]一书中的相关观点，《规划的目的》一书提出，我们的未来可能会更加重视社会服务而非物质产品的生产和消费；可能会对环境和生态系统做出更好的保护；可能会更加关注社会福祉和全民幸福感而不是追求 GDP(国内生产总值，衡量经济增长的一个常用方法)。

在导致我们陷入经济萧条的 2008 年金融危机之前，《规划的目的》一书就完成了。读者目前所读到的这本新书，借用了《规划的目的》一书的部分观点，将其置于当前正在经历的和将来可能会经历的低经济增长的情境下进行了重新认知和分析；并详细分析了在没有增长引擎驱动和没有私有开发市场驱动的情况下如何实现城市发展变化。同时，针对这种低增长的情况，本书还详实阐述了如何对当前的规划体系进行改革，从而使得规划能够在促进人们的福祉上发挥积极作用；提出了国家规划政策指引应该作出的具体转向和地方规划应该强调的不同重点，并强调了对规章制度如何能够有效运行要给予新的关注；当然也对社区参与的形式、过程与方法提出了新要求。

这本书不是对当前规划体系的累述，也不是要介绍它是如何运行的。相反，这本书是对当前关于规划体系的讨论的一次重新判读，这些讨论话题包括：规划体系应该要做些什么？应该扮演怎样的角色？应该如何运作？作者希望——本着讨论的精神——能够得到有关本书所提出的各种观点的不同意见，当然也希望能够得到认可的声音。为了将这个讨论推向前进，我们专门开设了一个名为“超越增长依赖型规划”的博客。博客的具体网址为 http: //beyondgrowthdependentplanning.blogspot.co.uk。我们热忱邀请您的参与。

我要特别感谢尤里安・阿耶曼（Julian Agyeman），提姆・马歇尔（Tim Marshall）和安迪・索恩利（Andy Thornley），他们花费了很多时间对早期的书稿给予了无私的评论和建议。即使在不同意我的某些观点的情况下，他们还为推敲和明晰我的论点给出了极大帮助！同时，我还需要感谢来自政策出版社（Policy Press）的艾米莉·瓦特（Emily Watt）和她的团队，感谢他们的合作、帮助、高效和理解。

伊冯娜·赖丁

第一章
增长依赖型规划简介

1 欢迎来到“任意镇”——增长依赖之乡！

五年前，任意镇（Anywheretown）的镇中心只能用破败来描述。在镇的闹市街区，店面由简易木板搭建而成，各种慈善店铺充斥着街区。在20世纪70年代所建的小型购物中心，疾风穿越暗淡阴森的室内空间呼啸而过，卷起各种琐碎的垃圾在长椅和花盆周围打转。人们抱怨没有购物空间可用，需要到附近的城市去寻找像玛莎百货（Marks & Spencer）和拓铺零售（Top Shop）这类大型购物空间，以满足购物需要。大量的失业年轻人到处闲逛、喝酒。在城镇的郊野，零星分布着一些轻工业和分销公司；在车站附近，会有一些综合服务设施；另外，在毫无生气的小店之上的单元楼里和小空间中，也零散分布着少许服务业。而就业机会，仍然少得可怜，并且看起来也没有增长的趋势。

将时间快速向后推进几年，该镇似乎发生了重要转变。在发现小镇很快就可能通过铁路建设以联系到附件的城市的利好之后，一个开发商立即买下了位于车站和镇中心之间的土地，而这些土地在此之前都是用于工业厂房、汽车修理作业和停车场之用。现在，这些土地进行了重建开发，新建的办公大楼直接连接到车站；而且，还建成了连接市中心和车站的新通途。这就将原有的零售中心从镇中心转移到了镇外围的购物商场，这些商场明亮、温暖，不受天气影响，从而吸引着诸如玛莎百货等各种重要的零售业将自己的销售商店布局在车站和市区之间的土地上，而这些地段是过往通勤人口最密集的地段。受到开发商的资助，城市景观也得到了巨大的改善。咖啡馆，则搬到了旧购物商场的露天部分，在新种的树下，摆放的是咖啡馆洁净的咖啡桌。为了购物者和办公人员的方便，还提供了充足的新停车场；为连接到市中心的步行线路设置好了自行车架、照明和独特的铺设。

上述内容描述的是一个成功的故事。本书的目的，不是为了论证这种城市变化是应该受到抵制，还是应该大规模推广。这种市场主导的重建，有助于改善我们市区的环境质量，有助于提升人们的生活品质。然而，它并不是在任何情况下都能奏效的。

在很长一段时间里，任意镇的规划者都无法在镇中心吸引任何规模的新开发。开发简报被拟定和分发，但是开发者却没有什么兴趣，因此最后就不了了之。不过，在此过程中，某个开发商注意到了提议建设的铁路可能带来的发展机遇，这是因为该铁路连接到了一个正处于活跃的市场条件的城市。开发商计算了项目的风险，提出了他们自己和他们的资助方可以接受的方案，并坐下来与规划师讨论了城市设计与建筑设计的问题。讨论结果被开发商、地方当局和许多当地社区所广泛接受。

然而，并非每个人都完全满意。旧闹市区的零售商眼看着交易被镇郊新的购物中心所吸走；增长的通勤交通抬高了当地的房价；同时新的商业发展也推进了新的住宅开发，然而这些住房的价格已经超越了很多当地家庭的承受范围，被来自城市的人群所替代。本地人口的增长为购物中心提供了更多的客流量，但是对于振兴小镇郊外的轻工业却没有起到什么作用。在小镇外围的低收入居住地区的家庭中，至少有一个家庭成员没有工作，并且这些家庭大部分处于资金紧张的境地。因此，位于镇中心的玛莎百货这种商店与他们的购物需求是没有任何关系的。

在本书中，这种形式的规划在这里被称作增长依赖型规划（growth-dependent planning）。这种规划的本质是依赖私营部门的发展为更广泛的社区创造利益，并利用规划体系来实现这一目标。本书的论点是：在过去 40 年里，英国的规划体系已经被增长依赖型规划的范式占据了主导地位。我们能够找到很多理由来阐述这种范式在当前已经不再适用（即使它曾经发挥过效用），并且这种范式也不适合作为当前指导规划实践的唯一框架。从经济的维度上看，这种规划范式对大多数时候的很多地区来说，基本上是无法发挥作用的。特别是在当前经济危机的背景下，全国各地推动城市变革，是不能依靠经济增长的；如果在财政紧缩政策下，受到公共部门开支的约束，其情况更是如此。但除了这些经济角度的论点，这种规划范式可能给特定地区带来的社会影响也是令人忧虑的，这是因为这种规划范式鼓励（有时候甚至被直接定义为）采用高价值土地开发取代低价值土地开发，并推进相关的土地利用变化和社区变化。最后，尽管有人提出了绿色增长及新的绿色城市发展的概念，但是增长依赖范式是否能够保证环境的可持续性依然还是受到了质疑。

那么，这种增长依赖的规划范式，是怎样逐步发展并最终在规划政策和实践中占据了主导地位的？这个问题可以在新的管治模式的出现中找到答案，可以在被称为协作规划（collabrative planning）的空谈理论中找到答案。下面将对此做进一步探索。

2　管治：增长依赖的历史背景

在英国规划体系中，强调增长依赖具有相当广泛的历史背景。这与20世纪后期国家的管理制度从“管制（government）”转换为“管治（governance）”有密切关系。在整个20世纪90年代和21世纪初，管治理论得到了充分发展，它被用来解释此一时期发生的一系列的公共部门在中央层次和地方各级层次上的管理活动（包括规划）[1]。

根据美国和英国的经验，管治所描述的是执行政府策略的能力，即“采取行动的能力”。如斯通（Stone）所描述的那样[2]：管治的能力，不仅仅依赖于国家的单独行动，还依赖于是否能够将不同的利益主体汇聚一堂，汇集并充分利用其所掌握的资源、知识和决策权力。这与具有严格层级的政府“管理”的方法具有很大不同。在“管理”的逻辑下，国家政府是具有绝对的权力，掌握着大量的资源，控制着整个社会变革的方向。在实践过程中，“政府”直接行使国家权力进行控制和管理的方法的局限性越来越多地被证实。人们认为，在实施管制的权力前，国家政府必须要受到广泛的社会合法性的约束，同时国家政府在使用资源，特别是那些不归国家所有的资源，同样也应该受到合法性的约束。因此，“管治”的时代取代了“管制”的时代，而相应的，一系列的政策制定，特别是政策的实施，必须得到不同利益群体的相互协商和认可。

在管治理论中，重点是要考虑到整个国家中各种不同的政府机构、不同的私营部门和不同的社会群体之间的相互关系，并厘清这些关系将如何对最终的政策产生影响。有观点认为，对上述的这种复杂的关系网络进行有效的管治，和通过利用政府所掌握的信息和资源（包括金融）来进行直接的政府管理相比，将会更加有效。而另有一些人则认为，这样的“管治”仍处于政府的“阴影”里：一方面，国家政府和各种私营部门之间依然保持着层级关系；另一方面，国家政府和整个所谓的市民社会之间也是层级关系[3]。虽然我们接受（显然是我们应该接受的现实）国家仍然在施行这种传统的层级权力，但这本身并没有否认“管治”的相关理解见解。政府机构，包括地方政府，在政策制定过程和规划制定过程中都会花很多的时间，让广泛的利益主体参与到决策过程之中，以期能够成功实现他们想要达到的目标。这种模式，就是目前积极推进的所谓“善治（good governance）”。

国家这种管理范式的广泛转变，为增长依赖型规划转型成为公众认可的规划范式提供了机会。管治方法——在政策实践中以及学术理论上——为市场主体参与到单靠公共部门自己无法完成的城市开发过程中提供了合法性依据。根据管治的思想，这些市场主体需要与来自其他部门（公共的、私人的和市民社会意义上的）其他群体共同合作。其目标是实现互利共赢，得到让所有参与方一致同意并且满意的协议或结果。然而，我们必须要记住，市场主体被邀请去制定和执行政策的原因是因为他们持有一定的资源——特别是财政资源——这是公共部门所没有的。这在管治过程中产生了一种结构性失衡，会赋予市场主导的经济活动显著的地位。因此，管治过程为在规划体系中的融入增长型依赖的范式提供了机会。有关这个是如何发生的以及一直到今时今日的具体细节，会在下一章阐述。

在规划学科中，有一系列的正统规划理论，为在规划实践中采取管治的方法提供了概念支持[4]。曾一度，规划师发现仅依靠自己并不能对城市的发展产生有效的影响，他们认识到有必要综合私营部门和各种社会群体的力量来加大自身的影响力。作为对这一处境的回应，规划理论在 20 世纪的后半叶发展出了独特的新方法。这种方法——通常被称为协作规划——也解决了人们对规划师的一些批评，例如批判规划师没有与当地社区咨询和协商相关开发对地方社区的影响，批判规划师没有充分认识到开发带来的建成环境的改变到底在多大程度上没有满足当地社区的期望和需求。协作规划希望突破不同利益相关者之间的界限，它设法将私有部门和公共部门、不同政府组织和社会机构、不同尺度上的不同群体如社区和更广泛意义上的服务提供者等利益群体所关注的利益统筹考虑。其目的是希望在制定某一地方规划时，在计划制作一个地方时尽可能广泛地将涉及到规划编制进程和可能受到影响的群体都纳入规划编制过程，参与到那些涉及对城市改变或受这种改变所影响的部分。

协作规划借鉴了哈贝马斯的交往行动的概念，旨在根据关键利益主体的协商重塑规划实践，强调沟通和对话对规划的编制和最终决议的形成的作用[5]。虽然有关这种方法的文献，对其中涉及的不同利益主体之间的权力关系的影响以及权力不平等的问题都做了充分讨论，但这个方法的核心，已经被普遍解释，是通过这种对话能够形成协议或达成共识的潜能[6]。为了这个目标的实现，沟通必须要真实可靠，必须以利益主体对自身利益的充分认可为基础，必须以实现利益主体之间的相互了解为目的。英尼斯（Innes）和布赫（Booher）认为，通过这样的沟通，就使得“关系网络力量”能够在某种程度上克服利益主体之间的结构性权力关系所造成的一些问题[7]。

关于这种协作规划的实践效力问题，已有相当多的讨论[8]。理想的对话条件——所有的参与者能够形成共识，并且能够获得相互理解——实际上是很少存在的。因此，规划师在做规划编制、项目策划和规划决策时，就面临着对这种现有的权力关系的梳理和协调的任务。市场主体和其他利益主体之间的资源不平衡（上文已经提到），使得这种协调和谈判本身就不是建立在公平的基础之上。上文中提到了，产生了关于这种谈判的不公平的基础。当开发人员开发商对于谈判结果不满意时，总是可以使在某个地方的投资罢工或退出活动[9]。规划师和社区，站在他们的一边，有监管资源的权力去洽谈发展的好处，但它们不能够迫使发展继续开展。在第三章和第四章会有探讨，在某些情况下，规划当局可以投资于基础设施、补贴土地购买或为市场主导的发展创造更具吸引力的背景条件。但可用于支持这些活动的公共资源的供给程度是受到严格限制的；这也是增长依赖型规划出现的首要背景原因。

此外，要通过沟通行动来协调处理上述这些不平衡的权利关系，规划师的职业素养和受到的专业训练是否充足受到了质疑[10]。现在，当规划师需要全面介入协作规划所主张的沟通协调时，他们会被召唤去参加培训以提升他们的调解能力，但是这只是进入协作的踏脚石[11]。规划师的协调沟通能力，尤其会影响当地社区以及社区内的不同群体参与到影响他们社区的规划研讨活动的方式。有许多学者和规划实践工作者对咨询（consultation）、参与（participation）和充分介入（full engagement）三者在规划过程中的差别已多次作出了明确区分，同时还指出在当前的规划和项目实践中，出现了将公众参与约束在咨询阶段，而不允许进行更加深入的介入的趋势[12]。尤其是，传统的规划咨询方法已经一再让低收入社区失望不已。低收入社区在市场里缺乏购买力，意味着他们关于城市发展的争论显得非常无力，并且他们的行动很少能够挑战增长依赖型规划的逻辑。

当然，社区和环境的利益可能不总是想抵制这种逻辑。在有些情况下，市场导向型的发展为改善日常生活和为可持续发展作出贡献提供了机会。规划收益的可获得性前景——由开发商提供的社区利好——在说服当地社区是否愿意接受新的开发项目的时候很重要。像在伦敦的萨瑟克（Southwark）自治区一样，地方社区有可能会收集保存一些规划收益的案例，从而向开发商展示社区希望开发商所提供的具体规划收益是什么。一个新的开发项目的环境可持续性可能会具有相当多的且令人信服的依据，例如零碳开发项目和被动式住房开发项目[13]。在提出增长依赖型规划的可替代模式之前，认识到增长依赖模式能够有效实现市场导向和规划约束双向影响下的城市发展是非常重要的，并且这种模式的确能够实现所期待的经济收益和社会收益。

英尼斯和布赫已经指明了在怎样的条件下协作规划能够依靠市场投资主体来实现更广泛的公众利益[14]。他们指出，只有参与者认识到他们的相互依存关系时，这种方法才能奏效，即每一方都需要认识对彼此的相互依赖。因此，通过市场主导的经济活动和由社区参与支持的规划的组合相互配合，项目开发能够给社会福利和经济利润提供契机。然而，这是否会实现只取决于一点，即开发项目可行性的限制情况。有关这一点在第三章有简要论述。

在其他情况下，相互依存关系的确立可能会更难实现。比如说，地方社区可能不想要市场主体所提供的开发项目。再或者，规划收益的大小可能不足以说服他们。类似的，地方社区可能会认为环境问题无法通过谈判解决。作为对这些问题的回应，有些人呼吁规划方法应该以强调解决冲突为中心，而不是将获得共识或者实现希望作为重点。在这种所谓的“对抗”规划理论中，其重点是如何给最脆弱的社会群体以特定权力，并确保他们在规划实践中和其他利益主体有平等的地位[15]。

但是，认识到冲突——同时不要以为协作规划已经作为要实现的目标——并不能保证成功利用市场主体来实现社区和环境所要求的利益；并且，当实际冲突发生时，我们还是需要市场主体为其买单。然而，如果市场主体根本不需要依赖现有的社区和环境利益团体来实现其发展目标，那么协作规划和相关的管治方法将无法奏效。这种依赖市场力量去实现社会和环境利益的保障基础，只能来自规划管理当局行使强有力的规划政策框架和规章制度。但是，正如将在第三章中所详述的那样，这可能会限制规划的可行性——在某些特定条件下，开发商可能会觉得项目不可行而会放弃所期待的开发项目。

因此，规划师经常找不到可替代的方法去支持市场主导的发展，即使也以地方社区和环境遭受负面影响为代价。这是因为，在不能达到一致协商的情况下，开发商可能会另寻他路，去寻找那些能够提供更大规划修订空间的地方当局，本地的开发机会会因此而消失。在此情况下，规划师和地方政客一起，不得不召开研判会议，共同探讨开发商所期待的开发从总体上来看对当地来说是否能带来最佳的前景。此外，还存在如下情况：一些本地人、团体和政治代表可能认为任何发展都是不可取的，并采取邻避(NIMBY)的做法（不在我的后院（Not In My Back Yard））；而另外一些人，可能希望新开发给本地带来变革；他们可能会抱着赌一把的心态，综合评估开发商所提议的开发项目是否各种提议中最好的；可能会观望是否还会有其他开发商能提供更好的开发提议，还是压根就没有任何其他的开发提议可供选择。这种种做法，往往会将当地社区、政客和规划师置于令人反感的境地。但，我们是否有另一种方法呢?

3 回应增长依赖的另一种方法

增长依赖型规划永远也不可能在任何时间、任何地点实现理想的变革，并且满足所有社会群体的需求。在本章开篇的“任意镇”案例中，增长依赖型规划的确给本地带来了不少利好，但是这种战略并非对任何地方来说都会奏效，并且还有可能很多其他镇正在尝试这种方法但始终没有成功。如果我们在实施增长依赖型规划的中间阶段——或更悲观一些——在开始阶段，它在大多数城镇和城市工作中就没有效果，我们怎么办？很明显，当一些地方在享受开发带来好处的时候，可能有一些地方的城镇居民不仅没有从新的发展中得到任何好处，反而还会觉得因此而付出了很多。虽然有上述这些问题，但这并不意味着城镇中心的重建没有必要进行。我们并非生活在经济学家帕累托所言的“帕累托最优（Pareto Optimum）”的世界里：在此世界里，任何人或群体得到收益的同时都不能损害其他任何人的利益；或者，某一个人或群体在收益的同时损害了其他群体的利益时，其他受损的群体必须得到充分而公平的补偿。政策制定者和规划者往往会选择特定的行动方法，这些行动方法会尽量满足多数人所期待的收益，进而使得这些群体支持行动，这个方法一般不会估计其对其他群体（希望是较小的群体）的影响。但是，这并不意味着其他居民可以被完全忽略。

当增长依赖型规划无法实现所期待的目标时，我们的城镇以及居于其间的各类社区该如何做呢？其合适的应对行动是什么？如下文所述，这里有三个比较明确的可能有进展性的道路：

首先，有一个观点就是没有一个可行的方法可以替代增长依赖型规划。此种思想指导下的方法，将看到市场导向的动力机制是推进经济和社会生活的不可避免的根本动力，因此也使得需要在一定程度上将道德考虑置于首位[16]。因此，解决因增长依赖而引起的各种问题的方法，就是要完全去管控，消除对市场发展的制约因素、引导所有可用的公共部门资金来支持私营部门的发展。由此引起的社会和环境的负面影响，虽然令人遗憾但是是不可避免的，并在对市场主导的发展活动的利用追求中，这些负面影响是可以最终被人遗忘的。这种方法是否是一种道德的规划方法，是令人怀疑的。但是，这种方法确实背离了规划的根本目的。

第二，有人认为纯粹依赖市场导向的利益主体来实现城市变革是导致各种错误的根本原因。因此，需要采取一套更强大的公共部门活动来取代这种纯粹的依赖关系[17]。这种方法可以从凯恩斯主义的宏观经济政策中找到依据：努力将经济从低增长转向高增长，利用国家对基础设施建设和城市建成环境开发的投资，来塑造城市发展变化的本质。这种方法期待利用国家宏观政策来解决社会不平等问题，并获得更多的可持续途径；期待通过公共部门规划来确保所有的新开发能够满足所有社会组织的需求，并执行严格的绿色标准。采取这种方法，将需要整个国家在政治意识形态上发生巨大的转变，也即要转变过去几十年以来所倡导的新自由主义的意识形态。而这个旧有的意识形态，也正是造成这个方法看起来行不通、成本昂贵甚至可能会引起经济不稳定的原因。

第三个方法，也即本书即将探索的方法——放弃完全依赖于市场或依赖于政策主导的方法，转到基于社区活动的新方法[18]。其基本观点是：利用这一方法将为城市提供更多可持续发展的途径，并且也能够满足社会中低收入者和更多弱势群体的需求。这个方法旨在通过自下而上的方式逐渐实现社会变革。这种基于社区的新方法，在增长依赖型规划不能奏效的地方或特定情境下，可能会更加合适。当增长依赖型规划能够有效的时候，这种方法能够和其一道协同运作，而当增长依赖型规划不能奏效时，它又能提供一种替代。

然而，要使这种方法的实施成为可能，就必须对规划制度进行改革。改革的方向和细节是本书第二部分要讨论的主题。目前的规划体制框架，融入增长依赖型规划范式并将其作为解决问题的唯一替代方法。因此，在改革上需要充分理解规划体系中的权力和动力结构以及各种主流的规划规范，从而探索如何才能给自下而上的行动方式提供更多的空间。例如，在后文中会指出，支持这种自下而上的行动的规划制度不只是太弱了，而是目前存在的规划管控制度不适合用来支持这种行动的发展。

所以说，我们需要为那些被增长依赖型规划所主导的规划体系所抛弃地区的人们争取一个不同种类的规划。这本书的目的，就是要寻求一个新的规划范式，就是要解释为什么这种新的范式是必要的，并探索在增长依赖型规划能够奏效的情况下，这种不同类型的规划如何同增长依赖型规划协调并行。本书的主要目的不是要探讨怎样才能够使得增长依赖型规划更加奏效、更加公平和更加可持续。虽然这几点跟本书讨论的话题关系密切，但同样这些也不是本书的主要目的。

4 本书结构

在下一章中，我们将阐述增长依赖的思想已经深深融入到了规划体系之中，并以英格兰当前施行的规划体制为例对此作了详细说明。在第三章中，对增长依赖型范式的关键要素进行了解释，包括支撑这种范式的经济模型及其能够产生的收益。第四章和第五章则阐述了对这个范式的批判。第四章从经济的角度出发，认为宏观经济条件并不总是能够保证增长依赖型规划能够实现预先期待的结果。第五章着重关注了因增长依赖型规划而引起的各种影响，特别讨论了这种范式可能带来的社会公平问题、环境可持续问题以及环境公正问题。

第六章是本书第二部分的开始之篇。它提出了一套新的规划政策和实践议程，提出从公正可持续发展出发，规划应该将提高幸福感、环境可持续性和环境公正作为其核心任务。第七、八、九章则以此新的规划议程为依据，讨论了如何跳出增长依赖的范式，采取新的工具和方法来实现上述规划愿景。第七章重点探索了新的开发模式；第八章考察了改进现有地方和空间的方法；第九章讨论了如何利用社区所有权和社区资产管理，来实现社区的幸福感和利好。本书的第十章则将本书所述的观点进行综合，提出了一系列的规划改革建议，以避免过度的增长依赖。这些建议涵盖国家政策指引、地方规划、规划管控改革以及新的社区参与形式。

这本书的大部分论述，都是关于揭示过于依赖经济过程和信号的规划实践可能存在的一些问题，并且尝试给出一些解决问题的新建议。将这些新建议进行综合，就形成了本书所提出的规划新范式。这种新范式和增长依赖型规划相结合能够更好地提供公正和可持续的城市环境。这种新范式不应该作为一种占统治地位的规划范式，也不应该将其当做在任何时间点、任何城镇的任何地方都适用的规划范式。但是，这种新范式可以帮助解决增长依赖型规划没能解决的一些持久性的问题，并为规划同行提供一个有关规划目的的新认识。

第二章
增长依赖融入规划体系

上一章简要介绍了"增长依赖型规划"范式，并且论证了管治的出现如何使这种范式融入规划体系成为可能。本章通过简要回顾过去四十年英国的规划历史，并考察当前的各种规划制度的主要特征，对这种融入过程做更深入的探索。为了更好地理解增长依赖是如何融入规划体系并一直延续至今，我们有必要界定清楚什么是增长依赖型规划，什么不是增长依赖型规划。

当前，规划的争论已经出现向二元对立的两个观点分化的趋势。典型的情况就是支持发展和反对发展的分化，或者支持规划监管和反对规划监管的分化。因此，在描述规划演进时，通常会重点阐述规划政策实践是如何投放土地以利于开发的，或者反过来重点阐述规划实践是如何约束这种土地投放行为的。当然，也会从规划监管力度在不同阶段的强弱转换的角度来阐述规划的历史。在这些描述中，由于担忧过度强调规划监管会对土地供给的态度产生负面影响，因此对规划体系中的监管的阐述通常会被省略。这一处理手法的逻辑假设是：一旦允许这些监管力量在规划体系中存在，并且对其给予强有力的支持，那么将会导致在规划实践中采取这种监管权力来限制开发用地的供应。

但是，上述对“增长依赖型规划”范式的逻辑认定，很重要的一点不足就是割裂了规划政策和实践所包含的如下两个方面的关系，也即对放宽对于市场导向开发的用地供给的态度和规划监管的有效行使之间的关系。这是因为，增长依赖型规划的成功，不仅需要培育市场开发的义务承诺，更需要确保能够利用法规的力量去实现社会和环境效益。当社会和环境效益的实现程度威胁到市场开发的可行性（第三章中会解释）时，土地供给和规划对土地供给的限制才会形成紧张对立关系。表格 2.1 对这种差别进行了阐释，也即增长依赖型规划和纯粹以促进市场开发为目标的规划方法（即去管控的观点）之间的区别。

表 2.1 有两轴：横轴表示市场导向的开发是否被优先倡导，纵轴是新的开发项目是否追求社会和环境效益。增长依赖型规划依靠促进市场导向型的开发和相关法规去实现社会和环境效益，这和试图完全通过无管控的途径去促进这样的开发，把最终的效益和影响交由市场过程的规划范式是大为不同的。但是，不可避免的是，增长依赖型规划到底在多大程度上会追求严格的法规管控是存在不确定性的。并且，如后文即将展示的那样，这个程度会随着国家政府不同而有所不同。但是，这种依靠法规约束来实现集体所向的公共利益的增长依赖型规划体系，和追求无管控的、将市场导向的开发带来的冲突视为私有产权问题的规划范式在概念

上还是存在明显区别的。

表 2.1 对增长依赖型规划范式的阐释

	市场导向的开发被优先倡导	市场导向的开发不被优先倡导
追求从发展中获得社会和环境效益	增长依赖型规划	？？？
不追求从发展中获得社会和环境效益	去管控的规划	邻避主义

表 2.1 也对邻避主义（**NIMBYism**）做了界定。邻避主义对于市场导向的开发采取消极的态度，对利用规划体系去实现社会和环境效益没有兴趣。这也说明，在城市发展和改革决策上，地方社区某些部门的参与权和话语权的重要性。在某种意义上，为了尽可能地抵抗开发的压力，邻避主义在一定程度上还需要依赖法规管控。但与增长依赖型规划相比，其关键差别是它对开发带来的直接的、间接的或额外的效益不感兴趣（见第三章）。因此，邻避主义和增长依赖型规划是两极对立的。

更有趣的一点是，这个表格还有一格空白，这个空白表示的是我们目前还未理解的一个问题，即一个规划体系如何能够不依赖市场导向的开发而实现广泛的社会和环境效益。但是，如果我们的目标是利用规划体系去实现社会和环境效益，但又因为种种原因，依赖于市场导向的开发被认为是不合适的，我们应该如何处理？本书的后一半就是要试图去解决这个问题。本章余下部分将探索增长依赖型规划如何变成规划思想界的一个主流思想，以及另一种可能的规划思想，即表 2.1 中的空白一格所表示的规划思想，是如何被忽视的。同时，本章也将解释增长依赖型规划如何在其运行中或多或少地利用规划体系中的法规力量来实现其某些目标。

1 规划师对增长的日渐依赖

在本书论述中，一个主要的论点是：在过去的三四十年间，规划作为一个有目的的国家活动，其许多特点越来越多的受到了增长依赖思路的塑造和影响。在20世纪70年代早期以前，对规划的一个很盛行的假定，就是认为规划体系应该能够通过引导性规划、法规以及土地所有制的效力等的综合作用来引导城市变革，同时引导公共领域的发展和重大基础设施的投资[1]。新城镇诸如斯蒂夫尼奇（Stevenage）和米尔顿·凯恩斯市（Milton Keynes），也许是这种规划作用形成的主要范例城镇。但是，所有战后商业城镇中心和不合标准的住房区域综合再开发，以及大型的道路修建工程，均属于一种将公共领域的规划师置于中心位置的规划方法。

这个结论也许是一种错觉，因为私有部门的开发活动，特别是房屋的建设和商业中心的打造等，一直以来都是规划中的关键要素。公共部门的土地所有权，基础设施投资和一些直接开发（主要是在住房方面）一直与私有部门的开发活动密切相关。然而，有关规划的论述却选择不去强调这些方面的关系，而是将规划描述为实现这些期望目标的一种不成问题的手段，并且将职业规划师作为驱动此过程的专家，与其他参与者一起协商讨论公共部门关注的利益分配问题。

对规划的这种认识，受到了经济和政治这两个交织在一起的原因的挑战。在经济方面，20 世纪 70 年代早期的经济危机让战后的经济繁荣戛然而止。房地产投机泡沫崩溃和随之而来的经济衰退将规划置于全新的经济背景之中[2]。这些经济起伏的细节将进一步在第四章讨论，但是现在值得注意的是，20 世纪 70 年代的经济衰退让人明白了规划体系需要采取一些措施，对经济活动进行调节、引导和规划。这是因为，即使有大量的公共部门投资于建成环境，私人部门开发依然是城市变化发展的重要驱动，而规划体系则担当着引导这种私有部门开发活动的重要责任。和 20 世纪 70 年代发生的情况类似，随着公共部门投资力度的下降，私人部门在推动发展方面的作用则显得愈加明显。

随着这些经济转变的发生，以及因其影响而产生的政治意识形态的变化，使得规划师的角色也从早期的具有行使国家权力的强力行动者变成了并不被社会认为具有价值的专业人员。特别是在战后城市开发的浪潮中规划所显露出来的种种不足，使得规划师作为一个集体背负着各种责难[3]。考虑到战后规划的内在思路就是依靠私人部门的开发来推进城市发展变化，要使得规划师背负如此多的责难可能是显得不公平的。但是，规划师是重要的城市变革的驱动者的这一角色定位，也必然意味着他们要对发展结果负一定的责任。上述这种国家主导的规划，无论是对左派还是右派的批评者来说，其评价很大程度上都是负面的。

左派认为产生上述种种规划缺陷的问题，是由于规划师未能和地方社区就影响该地区的开发建设进行有效的参与式沟通了解，甚至没有进行咨询。其结果是大量的再开发计划都不能满足社区的需求和期望。在已经建成的新住宅区，这种批评尤其被重点提出。低劣住房在被拆除以后（有些拆除活动可以追溯到19世纪），往往伴随着的是基于现代主义思路的再开发[4]。在此情形下建成的公寓（有些是中层，有些是高层），通常都不受欢迎，并且也不适合家庭生活。这些建筑，很多时候采取的都是较低下的建筑标准，并且有很多的缺陷，例如持续的潮湿，甚至是结构上的不稳定性，也随着时间的流逝而逐步显露出来。而那些本应提升生活愉悦水平的休闲娱乐开放空间，却往往经营得很差，甚至变成了停车场和垃圾堆。在全新开发的住房地段，因为汽车依赖和社区设施的缺乏受到批判，尽管这些地段在城市形态和设计中更加传统。此外，也有一些人对这些房地产的建设标准和设计也提出了严厉批评。在新城市中心的开发项目中，例如伯明翰的斗牛场（**Bullring**）商业中心，或者更小规模的新城镇的步行街区的开发项目，如斯蒂夫尼奇的步行街区的开发，都没有避免挨批。这些开发项目的尺度和设计，也被视为过分依赖小汽车和缺乏人情味。

左派的这些批判和右派的批判具有一致性。右派批评家认为规划体系在试图促进新的开发时，往往会使得私营部门无法起到作用。而这些新开发，从本质上看，可以满足那些尚未得到满足的市场需要，因为它是对市场需求信号的一种反应[5]。上述这个观点，就是在长期的规划论争中反对法规管控的论调出现的原因，并且反对法规管控的这一观点的影响一直持续到了今天。持该观点的人认为，规划师们通过实施不必要的限制来推迟开发项目的实施，从而导致城市环境中大量需求的变革无法得到有效响应。这不仅使得新开发带来的利益无法惠及国民，还使得新开发对国家和地区经济增长造成种种消极影响。因此，规划师们往往会因为规划落后于一个地区的实际发展速度而受到批判，这是因为规划师通常花费了很多时间来推进规划程序和搜集用于描绘规划的资源。因此，批评家们提出规划体系应该在某些问题上为不同的市场角色提供确定性，例如到底在哪些地方的新开发会给予规划许可，并保证能够稳定供给具有开发许可的土地。

因此，在 20 世纪 70 年代，规划行业一方面由于和地方社区沟通的不足和社区处理的不当而受到批判；而在另一方面，由规划管控造成的规划滞后问题和对开发商所实施的一些被认为不合理的规划要求，使得那些没有必要的规划官僚主义一直备受批评。到 20 世纪 70 年代末期，玛格丽特-撒切尔领导的右翼政府上台，毫无疑问地此时期的中央政府会以右翼批评家的观点来审视规划。结果，规划中所涉及的权力在规划部门和开发商之间的平衡关系得到了更进一步的转变，而这种转变在近十年表现出了巩固的趋势。

在此政治背景下，政府采取了一系列的措施来减小规划管控的范围，并将倡导开发的思路融入到英国的规划体系之中。为推进此种转变而实施的一系列措施，发端于英国国家 9/80 号函件通知（Circular 9/80）中包含的地方当局住房开发指南[6]。随后，这种指南逐步扩散到其他类型的开发，例如允许在更广泛的地区，包括具有争议的城镇外的地区，实施零售业开发。此外，还设立了规划特区和企业特区（Special Planning Zones and Enterprise Zones）等特殊空间。在这些特殊空间里，实施更加宽松的规划管控政策，以鼓励私营部门开发。而城市开发公司（Urban Development Corporations）则利用更便宜的土地置换和公共投资对污染土地进行去污处理，或者投资基础设施的建设，从而提升作为城市更新策略之一的私营开发的可行性[7]。

上述这些措施可能是战后去规划管控能够达到的极限了，它导致规划师的地位和权力进一步显著减弱。地方当局的规划部门的管理范围和智能被进一步压缩。在某些情况下，规划编制和建设管控甚至被外包给私营咨询公司。在这个过程中，规划行业看起来似乎无事可做，只需要为市场中的各类部门机构想做的事情做好铺垫和基础就行。然而，规划体系的关键部分，即覆盖国家绝大部分的规划编制以及部分地区的个案规划实施等依然受到中央管控，没有改变。并且，规划体系的一个核心职责还是要改善生活质量，为经济活动提供更好的发展机会。

事实上，在 1997 年工党政府执政之前，以约翰·梅杰为首相的保守党政府在 1990 年后就对此前的玛格丽特·撒切尔政府的一系列政策进行了改革。对规划行业而言，其返回了早期对规划的定位，强调规划积极甚至主动的角色。1990 年的城镇和乡村规划法（70（2）部分的内容）见证了向以规划为主导的规划体系的回归，而不是继续采用依赖于开发的规划体系，并且更加强调规划在开发区域选定问题上的决定性作用。由于对一系列议题的关注和重视，例如气候变化议程的要求[8]、小汽车使用量的增加带来的诸多消极影响以及不合理的土地利用模式对小汽车使用量增长的促进作用等，使得有关零售业的发展政策发生了重要改变。因此，在城镇之外的零售业发展是不被鼓励的，而且在 1996 年对零售业的空间发展秩序测试被引入后，零售业开发选址的优先次序依次是城镇内部地区，城镇边缘地区，最后是城镇之外的待选地区[9]。

然而，随着托尼·布莱尔领导的新工党政府的执政领导，增长依赖型规划范式在国家施政纲领中被非常明确地表达了出来。布莱尔政府提出以更加积极的态度来看待规划师的角色，既强调其对于新开发的空间格局的影响，也强调规划在满足地方社区需求和期望中的积极作用。其中，后一个目标的实现主要希望通过设计引导城市复兴这一总体框架来实现（上届政府是不支持规划师过度参与这类决策和设计的）。这种城市复兴的重点，就是要对城市公共空间进行重新设计，从而培养更多的社会互动，将更多的行人带到街头、公园、广场和露天市场中[10]。总体上，新的规划体系的目标不仅要提高环境可持续发展的能力，主要是要实现从小汽车的交通出行方式转变为其他的交通出行方式（例如步行和骑自行车）；还要增强更普遍意义上的社会凝聚力。这种新的规划政策不仅对地标性项目具有巨大的影响，对小规模的常规开发项目也有着显著影响。诸如利物浦码头（Liverpool Dockside），曼彻斯特的维多利亚花园（Victoria Gardens）和伦敦的特拉法广场（Trafalgar Square）等项目，都属于地标性项目。对规划的上述期待的一个假设前提，就是可以通过对城市地区和城市发展的规划，将人们吸引到共享的公共场所。在上述城市更新策略中，文化场所往往被用作发展的触媒。每个城市，包括越来越多的乡镇，都想要一个艺术长廊或者博物馆，例如盖里（Gehry）设计的毕尔巴鄂的古根海姆博物馆等，来吸引人们到这些新设计的城市空间中。马尔盖特（Margate）的特纳美术馆（Turner Gallery）和威克菲尔德（Wakefield）的霍普沃斯艺术长廊（Hepworth Gallery）就是这种潮流的最新案例。

除了赋予规划这种城市设计和城市更新的角色外，新工党还期望规划师通过规划来解决全国不同地区面临的发展压力不平衡的问题。为此，中央政府试图通过不限制作为国家经济发展引擎的大伦敦地区的增长来实现这一目标。此外，为了更广泛地实施上述策略，在 2003 年的可持续社区计划（Sustainable Communities

Plan of 2003）中对上述这种举措做了清晰阐述，希望这些战略能够影响地方当局的发展规划[11]。在该项可持续社区计划中，包含了两个重要分支内容：一方面，其将四个增长区域都划定在英格兰的南部地区，在这些增长区域中的新开发项目是得到规划支持鼓励的；另一方面，住房市场更新区域（Housing Market Renewal Areas）则被确立为大部分在北部地区的策略。因此，在北部地区，那些表现出低迷市场价格和较高空房率的地段则被清晰地标定了出来。当有可用于地方各方面改善的资金可用时，其最主要的办法就是拆除并进行新的选择性再开发，从而创造一个更平衡的房地产市场供需关系。

与此同时，新工党还试图通过各种主动措施来加强社区代表在规划讨论中的话语权。这些行动措施包括：实施社区新政（New Deal for Communities），开展社会排斥单元（Social Exclusion Unit）的相关工作，重组地方当局的相关策略以使得其成为基于社区的策略（Community Strategy），要求在地方规划编制过程中有考虑周详且直接透明的社区参与。

新工党的上述规划举措，表明其远离了撒切尔夫人时代所强调的去规划管控的思想。但是，两个党派政府所主导的规划体系有一个共同的信念，那就是促进市场导向的开发对于宏观经济的发展具有重要意义，并且要充分利用这种开发来更好地实现所期待的社会和环境效益。这一思路，和战后的以公共部门主导的城市中心再开发以及地方当局统建房政策为基础的综合规划体系相比，仍有很大的差距。同时，这一思路和许多其他国家的运行模式也有很大的距离。在这些国家，在地方当局的土地所有权和为基础设施和其他开发筹集资金的能力的支持下，地方规划师同市场作用过程形成了与英国极为不同的关系[12]。在英国，尽管已经开始强调以或多或少的积极观点来看待规划体系，并采取或多或少的发挥规划管控作用，但自从 20 世纪 70 年代以来，强调的重点还是要为市场导向的经济增长和私营开发创造条件。

2 当代规划实践制度

本章的最后一节评析当前的规划体系，并且重点分析增长依赖这一思想是如何被融入到规划体系之中的，而没有对政府机构在规划中的角色做有效的安排。时间跨度上涵盖了自 2010 年保守党和自由党组成的联合政府接替新工党政府以来的时期。政府机构方面的内容主要包括中央政府政策指引，地方规划编制，规划管控和社区参与等。

中央政府政策

在英国的规划体系中，中央政府政策是很重要的（尽管我们的讨论主要是关于英格兰的情形，其他的分权政府的政策体制同样有显著的影响）。如下文所述，中央政府的政策不仅对地方层面的规划编制具有重要影响，还对不同层级的规划管理决策过程也具有影响，包括在地方上就可以决定实施的规划管理以及需要递交到中央政府的规划管理决策。因此，当前的政府执行中央政策指引中陈述的经济增长思路和规划体系是非常重要的。

截至 2012 年，中央政府的政策指引在许多规划政策声明（Planning Policy Statements）中都有所体现。当然，在有关矿产的政策指引、向地方当局下发的各种通知文件，以及向首席规划办公室（Chief Planning Offices）发送的函文中，中央政府政策的体现也是相当明显的。数量庞大的这种指引，意味着总是有机会来挑选出特定的文件中的指定部分作为最具影响力的指引。在 2012 年，中央政府印发了国家规划政策大纲（National Planning Policy Framework（NPPF）），列出了中央政府要求英格兰地区地方当局在空间规划中应该遵循的国家规划指引中所列的核心条目；同样的，类似的文件要求还在苏格兰、威尔士和北爱尔兰地区被广泛施行[13]。这是中央政府在努力提供全国统一的规划政策上迈出的大胆一步。尽管某些领域，尤其是旅游社区和垃圾系统规划，仍然在 NPPF 所涵盖的范围之外，但是这个 60 页的文件的确简洁明确地表达了中央政府对于规划的具体方法的看法。有关其他大型基础设施项目，例如能源管道或传输线缆，风力涡轮机，道路或者电站等，有另外单列的中央政府政策指引，如国家政策声明（National Policy Statements（NPSs））。这一声明以国家基础设计规划（National Infrastructure Plan）为参考，是经过国家议会讨论并通过的[14]。

当前中央政府的政策指引框架在 NPPF 和 NPSs 中是非常相似的。对所有的政策评论者来说，这些文件中清晰地表现出了强烈的增长导向的思想。在 NPSs 中，大多数的文件对大型基础设施开发都做了很详细的规定，列举了哪些是可接受的规划建议，哪些又是不可接受的规划建议。不过，其充分强调了基础设施建设先行来支撑经济增长的思想，这一点是非常明显的。在 NPPF 中，也表现出了相似的思想信号。该文件第一章的标题就是“建设一个强大而有竞争力的经济体”。而且，在由内阁部长所撰的前言中，也明确了规划的目标就是实现可持续发展，如原文所说：

> 发展意味着增长。在一个充满竞争的世界里，我们需要采取新的方式才能保证我们的生活。而规划就必须为这种新的方式提供便利……我们的生活本身、我们生活所在的地方理应变得更加美好，但是如果发展停滞不前，我们的生活必然会变得更糟糕。（原文强调）

事实上，上述有关规划的逻辑框架，是建立在更广泛的可持续发展议程框架之中的。可持续发展议程的确立，是在经历 25 年环境保护运动后，对环境问题重视程度的一个回应。然而，应该注意的是，在内阁部长所撰的前言中，其明确表示："可持续发展就是变革，就是积极稳妥的增长，而规划体系则是用来支持这一发展的。"因此，在"实现可持续发展"（p6）这一标题下的第一个声明是："政府应当承诺确保经济增长，从而创造工作机会和繁荣。"NPPF 更进一步指出："政府应该致力于保证规划体系能够尽其所能的去支持可持续的经济增长。规划应该促进可持续增长，而不应该成为其障碍。因此，通过规划体系去支持经济增长这一思路应该要得到重点强调。"为了使这一观点更为清晰，NPPF 又补充声明道："为了帮助实现经济增长，地方规划当局的规划应该具有前瞻性，以满足商业发展的需求，从而支持经济在 21 世纪的健康发展。"

在 NPPF 中，自 20 世纪 80 年代保守党政府时期即存在的倡导开发的思想再度被正式提了出来，但在表述形式上稍有不同："利于可持续发展的项目应该优先发展，而不应该被耽搁，该思路的基本假设就是可持续发展必须成为一切规划和决策的基础。"因此，规划首先必须要促进发展，并且这种发展必须是可持续的，是市场主导的。而在 NPPF 中的第 7 部分，其再次强调指出：规划体系应该为“建立一个强劲、有高度竞争力和响应能力的经济体”做出贡献，要为特定的经济活动在恰当的场合和时间段里提供充分且合适的土地资源，需要协调好“各种发展所需，包括基础设施的供给等（p2）”。这就需要对市场主体的“需求”有清晰的理解和认识：“应当尽最大努力主动去弄清楚并满足一个地区的住房、商业和其他发展的需求，并积极地回应更广泛的机会以利于增长的扩大。并且，规划应该充分考虑到市场给出的信号（p5）。”因此，NPPF 文件提出：“地方规划当局对当地经济市场内部的商业需求需要有一个清晰的把握（p39）。”

上述规划思想表现得最为明显的一个做法，就是为住房开发提供充足的土地。NPPF 明确提出规划体系应该明确五年的“可供开发的具体地段”，并“显著提升住房的供应”。这些供给必须与当地确定的市场和保障性住房的需求相匹配，同时提供额外的 5% 的供给量以作为“缓冲空间”；而在那些住房需求长期得不到满足的地区，这一缓冲比例可以上升到 20%（p12）。实施这一计划的基础，是在 1980 年以来规划体系中就有所体现的一个要素：注重房地产商和规划师之间的相互协作，从而确定需要市场导向的住房开发的地段[15]。

如第三章已作出的深入探讨，增长依赖型规划的支持者认为：如果有利可图的市场开发能够得到许可，那么社会和环境效益是可以同开发商协商谈判而获得实现的。然而，NPPF 文件明确指出这种谈判不应当威胁到开发本身的可行性：“为了保证可行性，任何可能增加开发成本的社会和环境要求，在去除正常的开发和温室气体排放所需成本外，都应该确保项目开发后能够产生富有竞争力的收益率，以使得土地所有者和开发商愿意参与到项目开发中，从而确保开发的可实施性（p41）。”规划体系所描述的规划可操作性和基于增长的市场可行性之间的联系，在以上这些陈述中得到了最为清晰的表达。当然，这种国家层次的可行性要求，也已经扩展成为地方当局评估当地各种规划作为一个整体的可行性的要求[16]。

总体来说，NPPF 清晰地表述了增长依赖型规划所主张的内在逻辑。和新工党时期政府主导的规划相比，此一时期的规划更接近此前流行的去规划管控的思路。很多评论作品都集中在讨论这种转变，但是相关的观点仍继续拥护增长依赖型规划。基于这些，NPPF 倾向于将这种增长依赖型规划的思想以规划编制和管控决策的形式贯穿到整个规划体系之中，这就使得采用其他的规划方法的余地所剩无几。

地方规划的制定

增长依赖型规划这种范式强烈影响地方规划的主要原因有两个。第一个是和中央政府政策指引相关，目前来说就是 NPPF 文件；第二个与英国城市规划的引导性本质相关，当然也和地方上的开发机会与地方规划之间的关系有关。

NPPF 文件在地方规划中具有重要的影响力因为它是英国规划体系的核心原则，即地方层面的规划制定必须基于中央政府的政策指引。同时文件也表明了，在出现整合不同层次的规划文件出现冲突时，需要更多地考虑中央政府政策的要求。因而，在 2011

年地方主义法案（Localism Act）依据下召开的一系列社区论坛后所制定的社区规划，必须同地方规划当局制定的地方规划相协调，同时也应当和中央政府的规划指引一致，当然也包括最重要的 NPPF 文件。因此，中央政府的政策指引，影响着地方当局层次和社区层次所编制的地方规划的最为核心的内容。这样一来，由于 NPPF 文件代表的是增长依赖型规划的意识形态，地方规划文件必然也将体现这一规划范式。而当较低级别的规划不遵循较高级别的规划政策指引或政策声明时，较低级别的规划所具有的强制力就较小。如此一来，NPPF 文件的政策影响力将逐步降低。

例如，加伦特（Gallent）和罗宾逊（Robinson）的研究表明：教区委员会制定的教区规划，在规划体系中通常会被无视，因为它们没有很好地和由地方当局制定的规划融为一体。语言、结构和关注点不同，通常导致教区规划很难在地方开发框架（Local Development Framework）（在开展本书的研究时地方规划的表现形式）中构成影响。加伦特和罗宾逊的研究还指出：由于大的规划思想背景是要以压倒一切的努力来允许 NPPF 中所倡导的（可持续的）开发走在前面，同时也要求地方规划在地方当局的层面上承担执行国家战略的任务，因此邻里规划无法拒绝开发，其转而会更加关注在地方规划层面上对各种发展可能做更多细节方面的修正。正如他们书中最后一句话所陈述的那样："即使是在一个充满经济泡沫的世界，社区在规划体系中的介入程度，在面对增长战略的必要性时，其仍然居于次要地位（p177）。"[17]

第二个使地方规划成为增长依赖型的原因，和规划的引导性工具的本质是紧密相关的。我们可以为一个地区起草一个带有明显的社会和环境效益的实施意图的规划，比如说将城市开发集中在城市中心区，建设一个更加绿色的公共空间，确保保障性住房的供给，建设新的公共交通设施等等；但问题是，市场导向的动态过程所驱动的开发活动是否与这些规划相符合。在引导性规划的要求下，规划应该引导开发决策；但在市场主导的体系中，开发活动在什么地点和什么时间展开是由开发商决定的。对于某一地区的发展而言，规划师希望新的发展遵循特定的空间格局——因为这能够给社区带来利益；但开发商所希望的，是可以以低廉的价格买进土地，然后在这片土地上进行高价值的开发，从而获得开发利润。因此，开发商和规划师两者之间往往存在方案纷争。开发商购买土地的用途可能和规划师们期望的开发形式不相符，为了自己所预期的项目能够开展，开发商可能会提出寻求超出规划方案所设定的土地配置的规划许可。

引导性规划期望规划的公开以及主要利益相关者（包括开发商）的实质性参与能够利于规划的制定，并作为开发商土地购买活动的引导。但在实践过程中，规划师们可能会面临这样一个决定：是否应该拒绝给予开发商规划许可，从而放弃其正在申请规划许可的城市开发项目以及潜在的利益和规划收益，转而期待能够成功推动这个或者那个开发商实施一个符合规划的开发方案。同样值得注意的是，如果开发商能够以较低廉的价格购买土地（因此也可能会有较多的开发利益可供分享），那么能够获得规划收益则可能更容易和开发商沟通达成一致，但这些低廉的地段在规划中往往不是被划定为可开发的区域（这些复杂的变动过程将在第三章和第八章进行深入讨论）。因此，在争取更多的规划收益的过程中，地方规划对土地的配置方案和高收益的开发项目的土地需求之间的关系可能会陷入紧张。

然而，相反的情况也可能发生。在英国，土地可获得性的运作过程，会让规划师和开发商相互讨论哪些选址更可能会被开发，其结果则直接可以辅助当地的规划过程[18]。由于这种运作过程是常态，因此开发商所确定的土地分配情况将会强烈影响规划空间框架的制定。那么，如果开发商已经购买的土地（因为不确定是否有规划许可所以价格较低）在规划中是划定为用于开发的，那么开发商所要做的项目能够得到施行的确定性就会大大提升，由此优良条件下实施的开发项目可能带来的利益分享的空间将会大大增加。在上述这种情况下，增长依赖将会更加牢固地融入到规划之中,因为此种情况下的规划对土地的配置是由市场力量所引导的。

在寻求更强硬的方法路径来确定开发项目应该在哪里的规划体系中，公共土地所有权或者公共部门对基础设施的投资，往往作为工具来引导开发项目到规划所划定的位置。而引导性规划，就其本身而言，仍然是一个作用相对较弱的规划工具，这就进一步强化了增长依赖的观念在中央政府政策指引文件和地方甚至邻里层次的规划中的表达。

值得注意的是，当前的联合政府也在试图复兴 20 世纪 80 年代的一些政策行动，这些行动有效地摆脱了地方规划对特定区域的限制。2011 年的国家预算，宣布了新一轮的企业特区，也包括税收宽松政策。在这些企业特区里，可以采取“大大简化的规划方法”，例如可以使用地区发展法令来让开发先行，而不需要取得特定的规划许可（下文有更多的叙述）[19]。

规划管控

中央政府政策在规划决策和获得规划实施许可的过程中的重要性，很大程度上是因为它在规划上诉体系中的重要位置。在当前的规划体系中，规划许可申请者提出的申请如果被地方当局拒绝的话，那么规划申请者可以通过规划审查（Planning Inspectorate）的形式向中央政府上诉[20]。规划审查官可以对被拒绝的规划申请进行重新审查，其不仅有权维护原有的对规划许可的拒绝，也具有直接许可原有规划申请的权力。因此，如果一个开发商发现，由于地方当局并没有充分考虑中央政府的政策，使得他们在某一个特定项目上获得的规划许可受到限制，那么开发商便可以以这些为依据向审查官上诉。如果审查官同意，在其他条件一样的情况下，他们很有可能推翻地方当局的决策。这将影响并引导地方当局，使得其规划管理更坚定地考虑中央政府的政策，因为地方当局并不希望在注定败诉的法律诉讼上浪费太多的资源和成本——可能还包括应对其他不同利益群体所需要的成本。如果在中央政府的政策指引中，明确了规划中增长依赖的重要性，那么增长依赖这一思想将在规划管控和规划决策中得到充分体现，并且对此过程产生一定影响。

然而，规划管控也必须遵循一系列其他的要求，包括来自于规划体系的法定基础，上诉体系的运作程序和法院在规划案件中的偶尔干预。例如，在实施规划管控过程中，必须考虑到相关的开发规划和“其他相关材料”，尽管开发规划通常是处于主要位置（除非有好的理由将发展规划置于非主要的位置）[21]。这些“其他相关材料”通常涉及到选址的相关文件和（或）规划申请的一些细节文件。并且，对于什么能够视为一种“相关材料”是有约束的，所以和土地利用无关的文件很可能会被排除在外。先例（过去曾经制定的决策）也扮演着重要的角色，既包括用于对接当前和过去的决策的考虑，也包括这个决策可能成为未来的一个新的先例的担忧。

如此种种的情况还有很多……有关当前规划管控是如何运作的详细内容将在第七到九章节，特别是在第八章进行更加深入的讨论。正如即将看到的，当前的规划管控运作体系，限制追求更多的创新和非增长依赖的规划模式。在第十章中，将回到当前讨论的规划管控问题上，并提出改善未来规划管控运作体系的具体建议。

规划管控也和地方社区对开发规划的支持程度相关。不过，考虑到开发规划的重要性和“其他相关材料”的既有状态，这些相关性从来都不是决策制定的主要依据。虽然如此，但是正如下一部分将探讨的，来自社区和其他组织的压力还是有一定的影响力的。有些组织会抵制开发，有些支持开发，还有一些试图在管理进程中通过谈判来调整开发方案。然而，规划当局对开发方案实施的法规管控对于构建当地社区和规划当局的关系是很重要的；这是因为，在管理决策制定过程中，地方社区的不同群体的态度可能会受到他们认为通过谈判可获得的规划收益的多少的显著影响。规划收益的前景越好，相对较为合理的方案，会降低地方社区对一个开发规划的反对程度。

然而，在前文已经强调过，规划收益的潜能还是受城市开发本身的金融现实状况限制的，尽管它还依赖于规划管控的效用及其给地方规划师和开发商谈判时的权利大小。所以，如果地方社区相信一个开发项目能够利于社区利益的实现，从市场角度来看，这种开发项目有获得高收益的巨大潜力，同时其也会刺激地方社区对其的支持。目前，关于此过程的一种操作模式已经被正式法律化了，即开发商可以以经济条件与原有约定的情况相比发生了改变为由，重新回到规划收益的协议谈判上，并且可以提出无法实现原先协定的社区收益水平的（尤其是保障性住房等）条款。这种法律化形式，被明确写入了 2013 年的《增长与基础设施法案》（Growth and Infrastructure Act）。它既是对增长依赖的一个清晰的陈述，也是对规划管控的重构。这种重构，从根本上削弱了地方当局清晰界定处于协定状态的社区利益的可能性，同时也削弱了地方社区评判一个开发规划可以给社区带来的相关利益的可能性。

应当注意的是，几乎是在企业特区（Enterprise Zones）被重启的同时，出现了将更多的可开发土地置于规划管控之外的趋势。当前正在使用的《土地利用分类法令》（The Use Classes Order）（规定改变一个建筑的用途时能否获得规划许可）也已经被改变了，明显是为了更好地迎合商业激增的需求。并且，《常规开发许可法令》（the General Permitted Development Order）（一部允许一定的小规模的开发不需经过特定的规划许可即可实施的法令）也已经被修改了，它给予户主更多的先行自主开发权力，包括安装微型更新的能源装备。对当前的《土地利用分类法令》的一个重大改动，是允许在没有规划许可的情况下，可以将商业用地转为居住用地，尽管地方当局就这种规划管控的宽松政策提出豁免申请。在第八章中，将对规划管控在这些方面以及其他方面的改变做更深入的讨论。

最后，还有一些在申诉系统之外的情况。此种情况下，中央政府可以直接对开发项目做出管理决策。到目前为止主要应用于大型基础设施项目。根据《2008 年规划法令》，国家级的大型基础设施建设项目受到完全不同的另一套规划管理体系控制。在此种管理体系中，国家将派一名来自于国家规划审查委员会（Planning Inspectorate）下属的国家基础设施理事会（National Infrastructure Directorate）的审查官，对具体项目做详细审查[22]。审查的最终决定——通常是由国家秘书处（Secretary of State）决定，但同时也会附上审查员所作的报告——必须建立在中央政府印发的NPSs引导文件的基础之上。正如上文所讨论的，当前的 NPSs 文件制定了一系列的标准，这些标准可能会影响到上述的审查决策，但是这些文件同样的也确立了许多需要被当做没有相关性的因素。然而，NPSs 文件的主要推力是它支持基础设施建设投资的需要，因此会强力支持提出的与基础设施建设相关的规划方案。依据《增长与基础设施法令》，中央政府已经将与 NPSs 系统相关的管理基础设施建设项目的体系延伸到其他主要商业项目上。如此一来，这将增加这种规划获得认可的可能性，但同时可能需要以本可以在地方层面谈判可获得的规划收益为代价。

社区参与

上述的讨论充分证明，受到较弱管控的增长依赖型规划思想目前已经深深融入了当前的规划体系中。这源于一系列因素：包括中央政府的政策指引的内容；各级规划要与高等级的规划以及中央政府政策指引保持一致性的原则；为了最大化规划收益的水平，需要给开发商提供具有较好投资开发机会的观点；规划管控体系中必须考虑中央政府政策指引的需要；为了要实现地方社区的规划收益和其他利益，地方社区所承受的要给特定规划颁发规划许可的压力；以及当前对于规划管控某些特定方面实施宽松政策的趋势。

虽然如此，但社区参与依然是当前规划体系中的关键要素。在NPPF文件中，社区对增长依赖的议程所有支持，都得到了明显的阐述。在NPPF中，可以找到相关的根据，例如“允许当地人民塑造他们的周围环境”；规划是“居住在当地的人群改进和提升自身所生活的地方的一种创造性方法（p5）”。当讨论到“促进健康社区”（p17）时，NPPF在一开始就强调“地方当局应该创造社区所共同期望的居住环境和设施”并且让“社区的所有群体都能参与到地方规划制定和规划决策之中”，而且要确保这种参与是“尽可能早的并且有意义的（p37）”。2011年的《地方主义法案》（Localism Act）大大提升了邻里规划的地位，这为社区参与提供了新的机会，并且这也是NPPF想要支持的方式。在NPPF的描述里，邻里社区规划就是要给“社区直接的权利去创造一个属于他们邻里的共同理想并且实现社区需要的可持续发展（p37）”。和拟定邻里规划一样，地方的居民也可以在全民公决中投票是否采用某一邻里规划。

那么，上述这些内容在规划体系中是如何同已经被确认的增长依赖的趋势相交织的？在上文的论述中，已经重点阐明到底有哪些刺激因素会激励地方社区非常欢迎市场导向的开发项目，从而实现自己所需的规划收益。但问题是，这种规划获益可能并不总是能满足一个地区内的所有社区的需要，也可能无法完全抵消市场开发本身带来的不愿接受的特点。而这一切问题，这些地方社区也都心知肚明。对一个地区来说，所有的社区能够对开发规划表达意见是非常重要的。但在实践过程中，社区和更广泛的利益相关者的参与，不仅受到安排这些参与机会的机构的塑造影响，也受到人们的参与方式的塑造影响。

按照管治的逻辑和合作规划的办法，地方规划是建立在一系列的利益相关者的参与之上的，当然也包括公众和特定的地方社区。这些都已经牢固地融入到相关法律框架和已经形成的规划实践之中。根据 2004 年的《规划和强制购买法案》(Planning and Compulsory Purchase Act)，在规划编制过程中地方当局必须提供《社区参与声明》(Statement of Community Involvement)这一文件。在此声明中，需要详细阐述当局如何安排当地居民以及其他重要人群和组织参与到规划编制过程中。

关于地方规划，组织地方当局所辖区内的不同机构参与规划编制过程的主要负责机构是基于 2000 年的《地方政府法案》(Local Government Act)所设定的地方战略合作组织(Local Strategic Partnership)。但是，在联合政府实施改革后，地方企业合作组织(Local Enterprise Partnerships)则取代了区域发展机构（Regional Development Agency)，成为处理公共事务的重要论坛媒体。那些（没被选中的）团体通常派社区代表参与其中，但是正如加伦特和罗宾逊所指出的：代表当地社区的观点，和代表某些特定的地方社区和特定的群体的需求、观点和价值不是一回事[23]。这些人如何代表他们的社区，将取决于他们个人本身的状况以及其所在社区的多样性的情况。

此外，同一个地方的不同社区有着不同的资源和权力。这种权力网络的潜力依赖于对这些网络的内在相互关系的认识程度，正如英尼斯和布赫（Innes and Booher）所澄清的那样（见第一章）。但是地方社区，尤其是低收入社区，可能没有那些使得他们能够进入规划商议的重要权力网络关系[24]。此外，由集体行动带来的问题，通常对某些社区不利。这指参与一个规划问题的讨论可能需要付出的代价（这种成本会发生在特定的组织上，具体来说就是那些选择参与的组织）可能会超过由于参与后而造成的对规划的修正而带来的收益（这种收益具有不确定性，并且这种收益惠及的群体不仅仅是参与者自己，而是社区内更广泛的人群）。上述集体性问题表明，对大多数人来说，其从自身的利益角度出发，更愿意享受其他人的参与所带来的成果，而不是自己参与[25]。因此，常常是相对确定的某些群体参与，并在规划编制中成为主角，他们并不必要代表所有居民的利益需求或者那些最弱势群体的需求。研究显示，许多社区层面的规划是由一些积极的、敢于发声的少数群体所主导[26]。

规划体系中有个常见的问题，就是高收入水平的社区在规划体系所提供的机会里更有能力调动反对意见，并且有效影响实际规划决策的制定。这是由很多因素决定的，包括：低收入水平的家庭面临着其他压力使他们没有时间参与规划；高收入家庭拥有更多的资源用于动员活动；高收入家庭由于对规划过程本身的知识了解更多，这使得他们的动员努力更加有效；甚至可能是规划决策制定者对低收入社区存在某种程度上的偏见或缺乏照顾；再或者，换一种说法，当地政治家较多地考虑了高收入家庭能够行使的政治权力。

未来的大型基础设施类型的项目，对当地居民的需求来说，几乎没有太多的吸引力。根据2008年的《规划法案》所形成的大型基础设施的规划许可体系，由于其限制了公众参与的机会而饱受批判[27]。在此规划许可的过程中，写好的各种材料在不同的利益群体之间进行讨论沟通，而审查官则负责对其实施监督。经过此过程以后，会举行一个公开评审会。在此评审会中，只有那些经过审查官提名授权的个人或群体才有权参加。这种做法彻底取代了之前的地方公共质询体系（Public Local Inquiry system）。在老的体系中，每个人都有权力参加并发出自己的声音，尽管在没有得到充分交叉审查的情况下他们的论据不会得到太多的重视。但是，除了这些程序上的变革，很明显，地方社区的观点在整个决策过程中所得到的关注是相对较弱的。这是因为虽然这些社区被允许参加并且在检查中发言，但NPSs文件才是一切决策是否有效的主要参照依据。

考虑到上文所述的当前政府决定将国家基础设施理事会（National Infrastructure Directorate）的审查官制度扩展到商业开发领域的现实情况，上文所述的公众参与过程这种体系对未来具有重要意义。这是因为，这种体系将会彻底排除地方社区对大型基础设施项目的影响，并且使得有关此类项目的规划决策更加接近于NPPF所确立的没有强力管控的增长依赖型的规划范式。

通过回顾评论英国的规划体系，本章阐明了在中央政府的政策、规划编制过程，规划管控和社区参与等多个领域所共有的两个特点。第一，增长依赖型规划这种范式在英国规划体系中占据主导地位；第二，目前的规划体系正向着更加宽松的规划管控的增长依赖型规划范式发展。

第三章
增长依赖型规划范式

这本书旨在挑战增长依赖型规划范式的主导地位，并且提出在某些特定地方特定时段下更恰当的另一种规划方法，这种新的方法不是要完全取代原有的依赖型规划范式。但是在充分阐述这种新方法之前，我们需要更充分地理解当前的规划范式和它的局限性。这一章节探讨增长依赖型规划的范式，在紧接的两个章节里将引入批判的视角：首先在第四章中讨论这种范式所依据的重要的潜在经济假设；在第五章中则讨论增长依赖型规划可能带来的社会和环境后果。

关于增长依赖型规划的争论主要包含两个方面。第一个方面是关于其内在的假设，即假设在新开发项目中吸引投资对于当地政府和社区都是有益的。第二个方面是强调开发项目给社区带来有助于实现其他额外收益的资金的潜力，即通常所谓的规划收益。

这一章节对这些论点做了进一步的分析阐述，但首先总结性论述的是根植于这种范式下的城市开发中的经济模型。

1 支撑依赖型规划的经济模型

在增长依赖型规划范式背后，包含的是一种根植于新古典主义经济学的有关城市发展变化的特殊观念[1]。城市发展变化是指对由市场决定的土地和不动产的价格的响应；特别的，是指开发商对一个地块开发后和开发前的价格差所作出的反应。

考察未开发土地所面临的开发压力，可以很好地阐明这个概念。2010 年 6 月，英格兰的农业用地的价格大约为每公顷 15 400 英镑，而英格兰（不包括伦敦）的居住开发用地的价格为 175 万英镑[2]。住房建设用地的价格很大程度是由新住房的价格所决定。而住房价格受一系列因素的影响，包括人口变化，工资水平和抵押贷款的可获得状况。即使考虑到农业用地和开发用地的区位差异，农业用地和居住开发用地的地价之间的差值还是远远大于将农田转为住宅区的费用，这是农业用地总是面临被转为住房开发用地的压力的重要原因。不过，这种被开发的压力通常是会遭遇抵抗的。例如，土地所有者可能会拒绝卖地给住房开发项目，正如农民希望一直从事农业生产，而农业投资者也可能希望在农业用地上获得长期的资本收益一样。此外，规划管理在地方社区和环保的非政府组织（NGOs）的支持下，可能会控制住房开发的区位，并尝试引导它远离这些未开发的土地。

在其他地区，也存在类似的开发决策原则。例如在城市内部的小型轻工业场址，如果它作为工业用地的价值低于用作商业用地的价值，那么这将被认为是一个有利可图的开发机会。这通常是由于工业用地的需求低而办公用地的需求高。这意味着，工业用地的需求者愿意支付的价格低于办公用地需求者所愿意支付的价格。但这也并不意味着办公楼用地的投标者的数量会比工业用地的投标者的数量要多。也就是说，从有潜力的购买者和租赁者的数量来说，对办公用地的需求量并不一定会比对工业用地的需求量大。相反，这里说的需求较高，是指潜在的购买者和租赁者对某一土地用途支付金钱的意愿和能力要高于另外一种土地用途。

这种对于工业用地和办公用地的需求矛盾，会在工业空间和商业空间的租金价格、资本价值上得到表现。这种表现，进一步则反映在不同用地的不同土地价格之上。一旦办公用地的价格和工业用地的价格的差值超过新的办公用地的开发成本，市场发出的信号就是要支持再开发和城市改造。

图 3.1 对这一点做了很好的说明。该图表明了某一选址上的一项完整开发项目的市场价格变化将如何影响项目本身的可行性。在 A 点上，开发的市场价值甚至低于开发成本和土地成本的总和；开发商无法从已完成的项目上获得利润。唯一的途径是在可能的情况下，同土地所有者谈判降低土地成本来获取利益。但是在 A 点上，即使土地成本被降低到 0，看起来开发的市场收益也仅能替代开发成本，留给开发商的利润空间很少。

在 B 点达到一个平衡，开发价值（通常成为开发的总价值）等同于所有开发成本和用地成本（包括土地价格和购置并拥有选地所需的所有的财力和花费）。然而，在这一点上开发商依然没有获得利润。除非开发的价值进一步增加，向 C 点靠近，开发商才能开始从推进开发过程所做的工作中获得回报，随之而来的风险也开始产生了。是否有足够的回报使得开发商将项目付诸实施，取决于这个项目相比于开发商可以实施的其他项目的收益水平，或者开发商可以为该项目投入自己的钱财或为之筹集资金的能力。

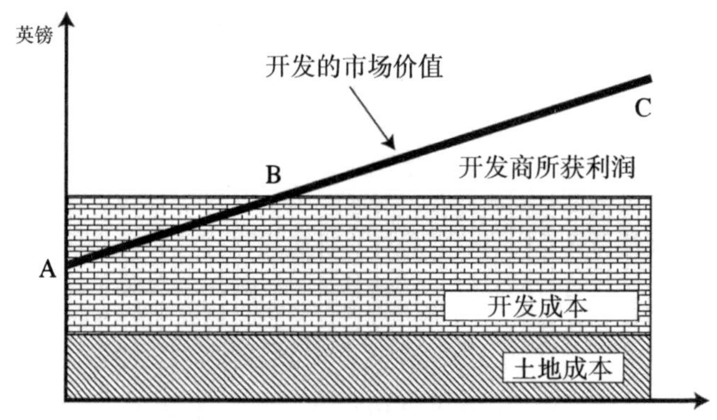

图 3.1　开发可行性示意图

在任何市场中，什么样的利润水平才能够成为开发商可接受的利润水平通常都有一个“经验法则”，比如说利润达到所有开发成本的 25%或者开发总价值的 12.5%。这个“经验法则”通常都会通过可接受的土地开发的市场估价实践融入到不动产市场之中。衡量开发用地价值的主要途径称作“余值法（residual method）”。它将上文描述的经济模型逻辑用一个相对简单的公式来计算[3]：

总的开发价值－总的开发成本＝可用于购置开发用地的剩余价值

在这个公式中（和图 3.1 所描述的稍有不同），总开发成本包括吸引开发商参与到投资开发中所需要的最小的开发利润。这个利润值，一般是通过“经验法则”计算出来且被同行认为是合理的。

然而，在任何开发项目中，都可能有特殊的情况影响开发商对可接受的开发利润水平的判断。比如，如果开发商对某个项目非常感兴趣，并且该项目所需的用地允许建设并且建成后的开发项目能够保证售出，那么对开发商来说，一个相对低的利润水平也是可接受的。再比如，如果一个项目可以采取退出策略，那么任何利润水平都是可能被接受的。再或者，在开发公司有合作需要的情况下，即使开发利润低于通常可接受的利润水平，完成开发项目本身可能会比获得利润更加重要。可能这种开发模式代表了一种应对新兴利基市场（**niche market**）的新的市场策略。这种利基市场有很多种，例如满足年轻的单身族的住房市场、满足已退休夫妻的住房市场或者以节能为目标的住房市场等。也有可能，完成这种开发项目，对于开发商和地方当局建立更亲近的关系具有重要意义，并可以借此提升在更多地方项目中获得选址规划许可的可能性；或者通过此类开发项目的合作后，从开发商的角度来看能够以更优惠的条件购得土地。

然而，通常来讲，这种途径的逻辑是土地的低价值被认为是一种有再开发潜力的信号，而更高价值的土地利用将是城市更新所期待的结果。这里可以很明显地看出价格和价值在语言学上的差异：价格高的土地和开发被认为是更有价值、更受社会重视的。从这个角度看，一排租金相对便宜的公寓，对社会来说价值可能较低；但是，如果这些公寓可以被一排以高收入消费者为潜在市场的联排住房所取代，那么这些新的联排住房对于社会来说其价值更高。目前的大量空置的棕地——同时从市场角度来讲也没有使用价值——和那些可能取代它们的开发零售仓库的不动产相比，也是显得价值更低。此种例子还有很多……

上述现象的动力机制的核心，就是市场过程需要通过新的项目开发从那些具有购买力的群体中谋取利润。但这并不意味着，所有的开发项目必须要针对那些具有最强购买力群体，从而实现最高的利润回报。实际上，开发项目是否能够得到实施更多的是依赖于市场对于新开发项目的需求与开发所需要的成本之间的平衡关系，这种成本既包括材料、行业咨询费用和劳动力，也包括土地和资本。这可能表明，开发价格和成本之间的这种差距，可能会使得市场主体在特殊的时段和特殊的地区选择能够获得中等开发价格的项目作为其利基市场，而不是高价格的开发项目。

然而，市场寻求利润的这一过程，的确意味着定位于较低购买力人群的开发项目可能会遭遇较大困难，不管是居住、商业开发项目，还是工业开发项目。定位于较低购买力人群的开发项目可能得到实施的情况，只会在土地购买价格因某种原因较低的情况，或者建设成本可以被保持在较低水平，或者总开发价值可以通过提高建筑密度来增加的条件下发生。如此一来，针对低收入群体和小公司（小公司指“SMEs”中的“小”，特指中小型企业）的开发项目，其通常会采取较低的建设标准，高密度的开发，并且建设在那些由于各种各样的原因被视为没有吸引力的地区。一旦环境发生改变，也即高价值的开发有可能取代这些较低价值的开发，那么，来自市场内部的竞争压力将会支持在此地进行新的更高价值的开发，而不是当前低价值的开发。

鼓励以市场导向的开发模型为基础，发展一种新的基于增长依赖的规划范式的基础逻辑，是在于促进新的开发能够带来可感知的利润。在接下来的两部分，将详细论述这个问题。

2 倡导开发带来的直接和后续收益

根据上文的论述，我们可以看到增长依赖型规划以市场信号为参照，来决定何处何时应该进行怎样的开发项目。规划中的选址分配政策可能会尝试引导开发项目到某些特定的选址、城市地带和区域。但是在这种范式中，规划师需要充分尊重市场机制，并且经常发现他们不得不以促进市场引导的开发为依据。在此过程中，一个必要的做法就是识别并鼓励高价的土地利用以替代低价的土地利用，从而推进城市更新。为什么这会被视为规划师们需要完成的一项任务呢？

首先，这种逻辑基于这样的假设：更高的土地价值反映了更高的开发价值，相应的对这些开发活动能够提供的各种活动的需求也会增长。这些活动承担着重要的经济和社会功能。因此，促进高价的开发，是对尚未实现的各种大量活动需求的一种充分认识。换一种方式来讲，居民和各类公司企业是如此地想要使用高价开发带来的各种新空间以致于他们愿意支付更多；如此一来这就促进了城市开发的实现。因此，增长依赖型规划，确保了当前这种未实现的需求在城市更新中得到实现。

关于这点上一个好的例子是棕地开发[4]。在英国，这个术语用以指在从前被开发而现在空置未使用的土地上的开发；棕地不一定是指美国的案例中被污染的土地。根据增长依赖型规划，在这种用地上增加经济上可行的新用途，从而取代当前棕地上既没有被利用也因此没有市场价值的用地类型，这就给这些土地带来了积极利用和价值，从而使得新的开发有利可图。的确，即使这种用地不是完全空置的，将一个低价值的用地，比如一处工业用地，开发为一个更高价值的用地，比如商业性办公用地，也会被视为有优势，因为开发的新用途满足了对于社会更有意义的高价值的需求。

在这里，很重要的一点就是由市场交易所决定的开发价值，也即有钱的购买者或者租户和土地或者物权的所有者之间进行相互协商交易所带来的价值。但是，这个过程所涉及的由其他社会群体认定的其他方面的价值并没有得到应有的体现。环境经济学家已经特别指出：生态系统所提供的服务及其好处，在这种市场交易过程中往往被低估或者忽视，因为它们通常被当做一种免费的公共产品或者礼物提供给了整个社会[5]。从这个意义上来看，那种可能成为适合开发的明显"空置的"棕地，可能是许多动植物的栖息地，或者是河边的滩涂地，或者在突然倾盆大雨时能够吸纳城市径流，或者在地方气候管理中发挥着重要作用，或者有助于改善当地的空气质量等等。这些地方当前未开发状态的所有这些好处都不会影响它的市场价值，因为如果是未使用的，其价值可能是极其低的。

通过各种方法，环境经济学家提出了各种各样的方法技术，尝试将货币价值体系引入到这种生态系统服务中，希望通过代理市场价格、统计分析或者基于调查的技术，为这种生态服务提出一个恰当而具体的价值数据[6]。这些价值数据，在政府制定政策、法规或者补贴政策的过程中可能会有一定影响；但问题在于，对于市场主体（包括开发商和土地所有者）来说，这些数据可能不会被考虑。因此，在土地和不动产市场中所倡导的市场导向的开发能够给社会带来本质的利益的观点，在市场主体看来，跟自己没什么关系。

第二点，开发本身就是一种经济活动，它不但以建筑和开发的新资本形式创造了财富，还以不同形式为不同群体创造了收入。这些形式包括开发商的利润，土地所有者出卖土地获得的收益，项目参与的群体所得的工资和费用，以及各种各样的材料和服务供应商所获得的收入等。这种财富和收入的创造是资本主义经济的引擎，因此增长依赖型规划，既对国家经济的总体趋好做出贡献，也通过促进新开发来满足地方需求。在经济低迷时，城市开发行业带来的就业和财富，通常都被认为有特殊的价值，因为它在此时期往往会被看作促进经济复苏的一种方式。即使在 2010 年（第四季度）的低增长环境中，建筑行业仍然带来了 223 万人口的就业，其中新工作岗位为国民产出贡献了 1 890 万英镑，而原有的维护和修缮工作岗位则贡献了额外的 1 100 万英镑[7]。

由建筑业带来的就业和财富的创造，不仅仅限于建设活动本身，其还涉及到和这些新的城市用地形式有关的工作机会，比如新的建筑的使用、新建筑的购买以及使用这些新建筑的住户所带来的工作机会。在经济学中，有一个重要的理论，就是经济活动在良性循环中可以产生更多的经济活动[8]。因此，新开发中的高价值的经济活动存在乘数效应。例如，如果一个新的购物中心建好了，人们会花更多的时间在那里购买物品和享受服务。这就给零售公司和在那里工作的人带来了收益。工作所得的工资将会支持更多的本地消费；而有些零售收入可能会通过支付货物和服务进入地方公司，从而又转入到地方经济的运行之中（尽管它也可能流到地方之外的其他公司和群体中——见第五章）。

这种乘数效应，也有空间维度上的特点。当一个地方被再新开发为高附加值（higher-value）的用地后，它就将会带来潜在空间溢出效应。这种情况发生，一般表现为促进周边土地的使用，提高对其的需求，并提升其价值。如果设计得够好，用新建住房取代一个破败的车库，可能会使周边的住房更有价值。一个新的商业开发如果能够让整个地区被认为更有吸引力，那么它可能会提升周边现有的办公和商业的租金和价格。随着新建筑的潜在价值提升，也会带来开发活动的向外扩散，进而促使未使用建筑物被积极使用，促使新的房地产库存取代旧的房地产库存。

这些城市开发带来的重要益处，我们称之为涓滴效应。在此过程中，通过城市物质空间开发的积累，地方经济增长带来的收益不断地在本地社区中扩散，最后这些收益也会为那些低收入群体带来好处[9]。而那些低价值的房产所有者，将会获得房地产升值的收益，；然而，由于那些最低收入的群体通常都不是房屋的所有者，因此他们将不能得到更多利润。此外，这些间接的利润，大部分来自于进驻此地的高利润的商业项目，这是因为这些商业项目能够支付更高的租金和房价。

这就是在伦敦南部的大象城堡地区（Elephant and Castle）更新项目的背后逻辑（象城这个项目，也可以描述英国其他地区的更新逻辑）[10]。在上世纪初，象城地区曾是一个充满活力的地区经济和娱乐中心。不过，在过去的半个世纪里，它已经被赋予新的特性。它是一个主要道路和公共转运交汇之地，区内混合着现代主义的住房、办公街区和一个名声不怎么好的购物中心。这个购物中心开业于 1965 年，据说是当时欧洲第一家的市内购物中心。然而，在这段时间里，由于严重的社会贫困问题，这个地区已经被置于伦敦市中心的房地产市场之外。为了应对这些问题，这个购物中心迅速变成一只“白象”，甚至有人一度将它换成明亮的粉红色并把一个大象的雕塑放在它顶上，但是这依然没能有效降低此地的空置率，也没有成功提高其租金。

而沿着泰晤士河南岸，房产价格却在升高：从滑铁卢和威斯敏斯特西部的附近地区开始，并一直向东延伸至塔桥（Tower Bridge）地区，包括经过新的泰特现代美术馆（Tate Modern Gallery），复原的莎士比亚环球剧院（Shakespeare Globe theatre）以及海斯商场（Hay's Galleria），摩伦敦广场（More London）到达伦敦市政厅（City Hall）。这些变化暗示伦敦萨瑟克区（London Borough of Southwark），对大象城堡地区（the Elephant and Castle area）进行更新，将可以把这个地区带入伦敦中心的房地产市场的影响中，并且开启一系列的价值增长的连锁反应。为此，该地区当前规划了一个 55 英亩，花费 150 万英镑的项目，包括一个新的步行商业中心，一个露天市场，45 万平方英尺的零售空间和 5 000 套更新的住房。用委员会的口吻来讲，这“将为伦敦创造一个新的令人激动的活动目的地”[11]。

3 倡导开发的其他收益

除了增长依赖型规划的那些确定直接的和间接的利益外，使用规划体系的管理力量去引导新的城市开发，也可能给地方社区带来一些满足社区需求的利益。因此，支持增长依赖型规划的另一个论据，就是认为其能够使得特定的收益资金能够被用到更广泛的地方社区的改善之中。在增长依赖型规划中，规划师是一个重要的角色，增长依赖型规划能够给地方社区带来多少收益，取决于规划师的谈判技巧和他们利用规划法律规章对开发进行管理的能力。“规划收益”这个术语通常被用来描述将开发收益引导到服务于社区利益的过程。因此，在上文中提到的大象城堡地区（the Elephant and Castle area）的开发项目中，其提出了要增添新的休闲文化设施、提升公共空间（包括新的开放空间和景观）的品质等举措，以及提高当地居民获得就业和培训的机会。

在过去，已经尝试过许多机制，以期望规划收益能够成功实现。在许多情况下，规划收益的确切属性和大小取决于规划当局（通常是处理规划实施的长官）和开发商之间的谈判。规划官员有对规划项目的可实施性进行管理的权力，因为没有规划许可，开发商就不能实施开发。考虑到这一点，一些官员为此增加了大量的谈判技巧，尽管这些技巧在正式的规划教育中并没有被充分强调，而是在“工作中”学习到的[12]。而从开发商的自身来讲，他们指导自己在承诺兑现社区利益上应该走多远。在此问题上，存在一个规划收益的临界点，一旦规划收益超过了这个临界点，那么其将使得开发项目的可行性丧失。

图 3.2 对这个机制做了阐释。图 3.2 和图 3.1 相似，但是它描述的开发的市场价值在纵轴上的起始位置远大于总成本，从而使其对开发商而言可以获利，因此也具有项目可行性。在这个图中，有一个新的三角形，代表规划当局能够谈判的规划收益的增加量。假定规划收益不仅有利于更广泛的社区，而且使得开发项目本身更吸引人，比如可以谈判获得更多的绿化空间。那么，随着规划收益的增加，代表开发项目的市场价值的直线会有轻微上扬。尽

管如此，我们也可以做出如下的假定：即随着协商的规划收益的增加，开发的市场价值可能不会上涨，甚至还可能会下降。

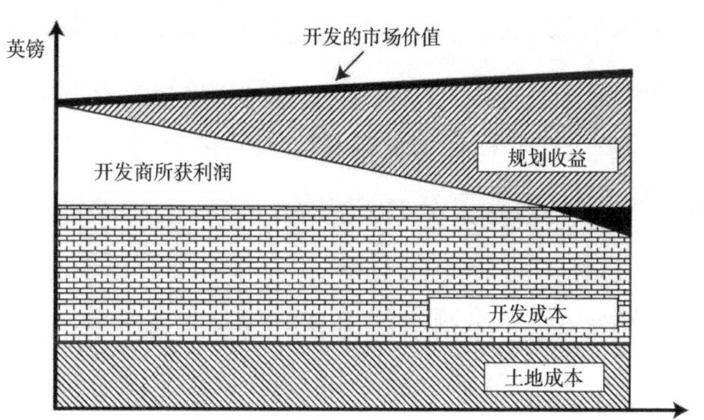

图 3.2　规划收益和开发可能性示意图

然而，很明显的是，即使假设开发的市场价值是增加的，仍存在一个零点：增加的规划收益数量不断侵蚀开发商的利润，以至于开发商所得的利润降低到零。更严重的情况，是规划收益继续蚕食开发商的成本预算（黑色三角形）。在这个零点上，很明显是规划收益的过度提取使得规划不可行。在谈判过程中，如果想要一个项目能进行下去，规划师们需要使规划收益位于上图的左边。

一个规划师通过谈判取得较高规划收益的能力，取决于其所处的规划当局的规划管控内容。这是规划师在谈判中的权力基础。弱化这种规划管控的政策，例如，在强调坚定支持开发的条件下，将会降低地方当局可获得的规划收益。如果从地方到中央政府层面的规划政策，都支持规划收益的谈判，那么其将增加规划当局的获得规划收益的权力。在如下的这种情况下更是有助于提升地方当局的权力：开发商所能承诺的规划收益不能令地方当局满意，地方当局就不给开发商颁发规划许可；开发商因不满这一处理结果而向中央政府提出上诉，而中央政府（通过规划审查）又拒绝接受开发商的上诉。

另一个影响规划收益的因素，就是规划师在开发评估方面的工作经验的多寡。丰富的经验，将有助于加强规划师的谈判技巧，并且保证他们在谈判中不会暴露社区自身的短处。在某些地方当局，采取了以信息对双方公开透明的方式来进行谈判。这要求规划当局和开发商之间的信任，使社区的利益成为能够公开谈判的内容，而不是作为一个猜测可能得到的规划收益的多寡的游戏。否则，开发商就会认为他们项目的可行性正在受到威胁，规划收益的摄取已经使得项目远离了如图 3.2 所示的可行性均衡点。

一旦规划收益的程度谈妥后，达成的协议必须作为一个法定合同去约束开发商。这已经在所谓的第 106 条法律（Section 106）（在 1990 年的《城镇和乡村规划法（Town and Country Planning Act）》中）中做了明确规定。这些协议和规划许可相互联系，所以除非规划许可遵循相关的协议，否则它将无效。然而，一旦开发项目建设之后，如果开发商违背协议的全部或者部分内容，是否可以算作这些协议已经得到积极实施，仍然是值得怀疑的。正如上文所述，在 2013 年的《增长与基础设施法案》（Growth and Infrastructure Act）的相关规定下，如果开发商认为经济环境已经改变导致项目不再可行，这些协议可能会被重新谈判。具体来说，即在图 3.2 中所示的开发的市场价值已经下降到一定水平，导致规划收益量（阴影区）不再可持续。也就是说，开发项目的收支平衡点在表 3.2 中向左发生了移动。

部分地方议会可能会选择采取税收的办法从开发项目中提取规划收益，而不是从头开始通过谈判从每一个开发项目获得规划收益。下面是一个开发项目所期望的规划收益预设表，包括和开发项目的规模直接相关的利润水平。这里的法律理性是开发商支付给地方当局的开发项目的额外成本，包括提供额外的学校，基本的医疗服务等。这个表格也被认为有助于开发商在制定具体行动计划时能获得更大的确定性，并且帮助他们核算项目本身的可行性。

例如，伦敦市萨瑟克自治区有一个专用的所谓第 106 条法律网站，其为开发商提供了一个在线的互动工具，使得开发商能够将自己的开发方案的细节输入其中，并得到规划收益贡献的预期值（见图 3.3）。为了辅助这一过程，这个网站还提供了一个法律协议的模板，包括为诸如无车的特殊项目提供的特殊模板；此外，还提供了第 106 条单方承担（Section 106 Unilateral Undertaking）模型，开发商可以用它来提出一系列可能会被城市议会接受的规划收益组合方案。

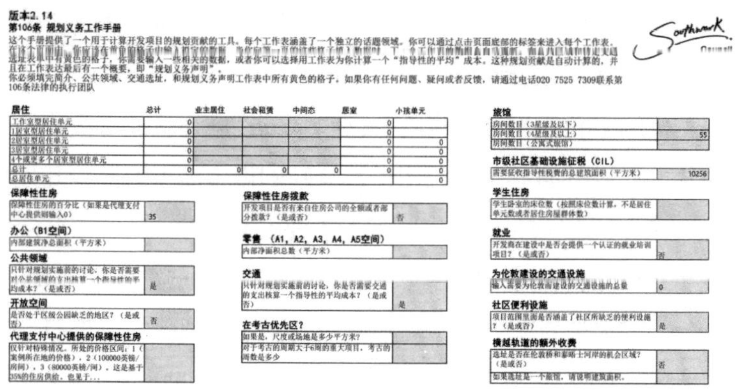
版本2.14
第106条 规划义务工作手册
这个手册提供了一个用于计算开发项目的规划贡献的工具。每个工作表涵盖了一个独立的话题领域。你可以通过点击页面底部的标签来进入每个工作表。
[illegible]
选址表单中有黄色的格子，你需要输入一些相关的数据，或者你可以选择用工作表为你计算一个“指导性的平均”成本。这种规划贡献是自动计算的，并且在工作表达最后有一个概要，即“规划义务声明”。
你必须填完简介、公共领域、交通选址，和规划义务声明工作表中所有黄色的格子。如果你有任何问题、疑问或者反馈，请通过电话020 7525 7309联系第106条法律的执行团队

居住	总计	业主居住	社会租赁	中间态	居室	小孩单元
工作室型居住单元	0				0	
1居室型居住单元	0				0	
2居室型居住单元	0				0	0
3居室型居住单元	0				0	0
4个或更多个居室型居住单元	0				0	0
总计	0	0	0	0	0	0
总居住单元						0

保障性住房

保障性住房的百分比（如果是代理支付中心提供则输入0）	35

办公（B1空间）

内部建筑净总面积（平方米）	

公共领域

只针对规划实施前的讨论，你是否需要对公共领域的支出核算一个指导性的平均成本？（是或否）	是

开放空间

是否处于区级公园缺乏的地区？（是或否）	否

代理支付中心提供的保障性住房

仅针对特殊情况。所处的价格区间：1（案例所在地的价格），2（100000英镑/房间），3（80000英镑/间），这是基于35%的住房供给，也是于...	

保障性住房拨款

开发项目是否有来自住房公司的全额或者部分拨款？（是或否）	否

零售（A1，A2，A3，A4，A5空间）

内部净面积总数（平方米）	

交通

只针对规划实施前的讨论，你是否需要交通的支出核算一个指导性的平均成本？（是或否）	是

在考古优先区？

如果是，尺度或场地是多少平方米？	
对于考古的周期大于6周的重大项目，考古的周数是多少	

旅馆

房间数目（3星级及以下）	
房间数目（4星级及以上）	55
房间数目（公寓式旅馆）	

市级社区基础设施征税（CIL）

需要征收指导性税费的总建筑面积（平方米）	10256

学生住房

学生卧室的床位数（按照床位数计算，不是居住单元数或者居住房屋群体数）	

就业

开发商在建设中是否会提供一个认证的就业培训项目？（是或否）	否

为伦敦建设的交通设施

输入需要为伦敦而建设的交通设施的总量	0

社区便利设施

项目范围里面是否涵盖了社区所缺乏的便利设施？（是或否）	是

横越轨道的额外收费

选址是否在伦敦桥和泰晤士河岸的机会区域？（是或否）	否
如果选址是一个旅馆，请说明建筑面积。	

图 3.3　伦敦市萨瑟克自治区第 106 条法律执行辅助工具

来源：www.southwark.gov.uk/downloads/download/2523/section_106_toolkit

尽管这样的税收政策可能看起来比公开谈判规划收益要更加刚性，但在实践中，每个案例在达到最后的协议前，多多少少总会有一些谈判元素。在伦敦市萨瑟克自治区，地方政府利用这样的谈判，来要求开发商为他们社区的项目库（Community Project banks）中的一个项目提供资金支持。社区项目库是当地居民建议的各种小规模项目的集合。当然，开发商也可能使用公共协商的方法，来佐证在某一项目中只能向规划当局承诺较少的规划收益；并且论证开发项目本身所能带来的利润无法支持执行严格税收所要求负担的全部税收。

这种以获得规划收益为目标的特别税费，目前正受到《地方社区基础设施征税（CIL）》(Community Infrastructure Levy（CIL))的颁布实施的影响。这项法令由 2008 年的《规划法》引入[13]。在这其中，地方规划当局的税收制度，建立在全局尺度的新基础设施开发建设需要地方规划许可并落实到地方尺度上的这种现实之上。这些新的基础设施开发需求涵盖道路项目，洪水防御项目，学校、医院和其他健康和社会福利设施项目，公园改善项目，绿化空间和休闲中心项目等。将所有这些基础设施的总成本被除以期望的开发项目总额度（即，用于计算基础设施需求的全局开发项目)，就得到开发项目的单位开发所需要的 CIL 水平（每个住宅单元或者每平方米)。这种方法，是基于密尔顿·凯恩斯（Milton Keynes）首次创新使用的“屋顶税”的概念而创建的。“屋顶税”是指新住区开发项目中的每个住宅需要支付 18 000 英镑用于基础设施建设。

地方的特别税收制度是如何影响伦敦市萨瑟克自治区的解释如下：如上文所述，在伦敦，大伦敦当局(Greater London Authority)

制定了一个市长制的CIL；而在伦敦市的萨瑟克自治区，其采用了一个区级的 CIL 取代了第 106 条法律协议所规定的税收。但是，这并不意味着第 106 条所涉及的相关协议不再被谈判，只不过它们只是需要涵盖 CIL 项目中没有涵盖的话题和利益。

从上述讨论中可以看出，由满足地方社区不同群体利益需要的形式存在的规划收益，已经逐步转变成了利用规划收益的相关措施来取得部分开发利润的形式，其中最有效的一个形式就是开发税。采取这种新形式获得规划收益的重要影响之一，就是它非常有效地激励了地方政府作为规划当局支持和鼓励在所辖区域内推进有利可图、市场导向的开发项目。这给受到严格限制的地方预算提供了获得额外收入的新方式。这就是规划管控实施所带来的规划收益，如何融入地方政府融资的讨论之中的原因所在。

在英国，地方政府的财政预算很大程度依赖中央政府的拨款，这种拨款是根据一个复杂的公式计算出来的，这个公式表达了花费在地方政府各种各样的服务上的需求。这种拨款是对地方议会税（council tax）的一种补充。地方议会税是针对住宅物业的，是为了满足住房居住者的利益而服务的，其税额的计算是基于住房的资本价值的（但是这种税的税率可以由中央政府“封顶”）。还有一种税收是针对非住宅物业的。直至 2013 年 4 月，该种税的税率才由中央政府确定。2010 年 11 月，有 215 亿英镑的税单交付给了中央政府。这些税收，被重新分配后又返回给地方政府作为他们的拨款的一部分。最后，地方政府的收费和提供服务所得的收入都构成地方预算的一部分。在 2010 年 11 月，英格兰的地方政府的总花费为 1 724 亿英镑，其中 221 亿英镑来自议会税收，286 亿英镑来自政府的服务收费、政府所得的各种租金和其他收入，剩下的全部（除了“金融运动（financial movements）”的62亿英镑）来自各种拨款[14]。

这种拨款和税收的综合使用本身，对一个地区内的开发的激励是相当微弱的。然而，现在也有一些措施和建议，试图在地方城市开发和地方政府的货币收入之间建立更加直接的资金联系。例如，已有政府就试图利用2012年的《地方政府财政法令》（Local Government Finance Act）中引入的税收增量资金（Tax Increment Funding）来建立这种关系。在此情况下，地方基础设施，通常是交通基础设施的投资，是由一种特定的贷款来实现的。这个特殊的贷款的担保，来自于预期的不动产的税收增加额；这种预期税收增加额，则源于因基础设施投资而引起的周边房地产的升值。

总结这种方法，通过和中央政府的成功谈判，曼彻斯特城市议会（Manchester City Council）已经被允许保留一部分增加的税收，这些增加的税收不仅仅包括房地产税，也包括政府提供服务的收入和企业所得税。这种增加的税收，是推进城市更新过程中吸引的投资所带来的。一些政府的所谓的城市交易（City Deals）采用的也是上述这种方法，但和曼彻斯特城市议会施行的交易相比，其所涉及的范围要小得多[15]。这种城市交易，在单一地方增长基金（the Single Local Growth Fund）中也可以看到类似情况。中央政府通常会将这种基金下拨到地方的企业合作伙伴（Local Enterprise Partnerships），让这些合作企业以促进地方增长为目标来管理运作这些资金，这种合作方式也被称为地方增长交易协议（Local Growth Deals）。这种运作方法，源于2012年报道的赫塞尔廷（Heseltine）的评论[16]。

允许地方政府保留部分增加的税收（包括房地产、企业或者收入税）并用于后续社区服务和资产改善的支出的这种做法，是将增长依赖型规划理论融入地方政府管理运作文化的一种有力方法。这种方法表明，促进市场导向的开发将有助于以增加的税收的方式来增加财政收入。和通过在每一项的具体开发项目中进行谈判所获得的规划收益相比，这些税收方式增加的收入，可以以一种更一般的方式用于满足地方社区需求。

在 2013 年 4 月开始生效的地方政府财政改革，是在税收获得和利用这个方向上的最大变革。2012 年的《地方政府财政法令》（Local Government Finance Act）允许地方政府保留其所辖地区所得的贸易税率的一半，并且在 7 年里进一步保留一切新的税收（来自新的“世袭财产”或建筑物的税收）。当前实施的“税收”和“补充型贷款（top-ups）”体系，确保了当地方财政改革生效时，没有地方当局会因此而有所损失。但是很明显的是，在此后鼓励开发，特别是高价值开发的地方当局，将会获得更多财政上的收益。但是，为了将地方贸易税率增长和地方当局的花销权力增长进行匹配，当前采取了“征税”制度以缓和这种收益的区域之间的分异（这就是说，从商业不动产异常高的地方当局取走一部分税收）；这种“征税”制度被当做一个安全网，能够给那些收入下降的地方政府提供支持，比如给因为主要地区商业项目关闭导致收入下降的地方政府提供支持。上述这些改革，很明显是为了将地方政府预算和地方商业增长进行更紧密的匹配。

在 2011 年 4 月引介且已经生效的《新房津贴》（New Homes Bonus），也可以看做是此类匹配的一个实践[17]。基于这种政策，如果一个地区被允许建设了更多新的商品房，那么在地方当局这个层级以下的该地的老社区则可以获得一定比例的额外经济收入。这笔收入，相当于新建的不动产六年所能带来的议会税以及保障性住房吸引的额外津贴。这笔资金地方当局可以按照他们的意愿支出，不过，这笔资金的具体使用还是希望能够与被新开发影响的社区进行协商。这样做的目的，一方面是希望可以缓解现有居民之间的紧张关系，另一方面则是考虑到未来可能进入本地的购房者和租房者的需求。

因此，通过上述分析，可以看到有一系列强有力的论据来支持增长依赖型规划方法。这些论据以如下这些方面为基础：增长依赖型规划所倡导和许可的开发项目带来的价值、通过额外税收获得的额外收益、用于基础设施投资的资金（特别是通过谈判获得的规划收益）以及因新开发而带来的更大范围内的经济活动的增强等。

第四章
增长依赖型规划的经济假设缺陷

在上一章中，我们对增长依赖型规划范式的核心假设前提及其所包含的核心要素进行了详细阐述。通过该论述可以清晰看到，要想使得增长依赖型的规划范式变得切实有效，需要有两个支持前提。第一，需要有长效的政府管控以保证市场导向的开发能带来相应社会和环境效益；第二，需要以经济增长作为驱动，市场导向的开发才可能实现。本书的第二章的相关论述已经表明，城市意识形态和政治导向的变更，往往使得规划体系中所制定的一系列规章条例并不能有效地促进广泛的社会和环境效益的实现。这种规划的失败，是在经济增长这一基本前提缺位的情形下，由依赖型规划的内在脆弱性造成的，而城市政府对这种脆弱性却很难予以有效应对。以此为切入点，本章分别从短期和长期的视角，进一步探讨这些脆弱性的根源和特点。此外，本章还将探讨当前规划体系如何通过对私人开发进行杠杆调控以应对这些规划的脆弱性，解析在当前经济下行时期，在公共领域的财政预算紧缩将给这一应对方案带来怎样的新问题。

1 经济增长的核心假设

增长依赖型规划范式的主要优点，往往也是其不足之处，在于其需要依靠经济增长来推动城市开发活动。因此，如果没有新的土地利用需求，增长依赖型的规划将难以发挥作用。这是因为，在有利可图的情况下，城市土地开发才有可能开展，相应的直接和间接社会效益和环境效益才可能得到有效资助，而这一切都需要以新的土地开发为基础。规划过程中这种对增长的假设和期待，是有历史根据的。自二战结束以来，英国各级政府已经习惯了国家经济总体趋向增长的态势。从图 4.1 可以清晰看到，从 1955 年的第一季度到 2010 年的第四季度，国民经济产出（GDP）以实际值计算（考虑到通过膨胀）增长了 3.68 倍，也就是说，平均每年的增长率为 2.4%。正是因为如此，所以在某种程度上，增长被认为是一种不言而喻的常态。

然而，如果我们对图 4.1 所展示的数据做更仔细的分析，可以发现 GDP 的增长轨迹并非总是呈现出持续而稳定的上升特点，而是经历了多次的上下波动。可以看到，在 1973 年的第一季度的 GDP 增长率达到了令人振奋的 10%。而同时也有许多年份，甚至是持续多年的 GDP 增长率处于负值状态，也即处于经济萧条时期。例如在 1955/56 和 1957/58 年，经济产出（按季度到季度比较）按实际值计算发生了下降。更为严重的是战后所经历的经济低迷时期，例如 20 世纪 70 年代早期、20 世纪 80 年代早期、20 世纪 90 年代早期以及自 2008 年以来的金融危机时期。

在 20 世纪 70 年代早期，英国经济滑入了萎靡萧条时期。这一结果主要源于一系列国际事件的影响，包括 1973 年的阿拉伯—以色列战争，苏伊士运河的暂时性禁航，以及石油生产国家联盟对石油供给的抑制等。受这些因素的影响，房地产行业成本大幅上涨、银行贷款利率明显上升、对房地产的需求也大范围下降，由此给本已过度供给的商业地产带来了灾难性后果。由于大量的金融机构在房地产行业都有投资，因此房地产行业的崩盘在整个经济领域引起了巨大波澜。此外，受到国际货币基金组织所要求的紧急融资需要的影响，英国相应的财政支出也大大减少。在这种国内外双重影响下，1974 年到 1975 年间，英国的 GDP 长期处于负增长状态。

而从 1980 年的第一季度开始，年 GDP 则经历了连续四个季度的下降，直到 1983 年年初才恢复到 1980 年的水平。与 20 世纪 70 年代的经济萧条不同，这一时期的经济萧条主要源于撒切尔政府实施的一系列经济转轨政策，包括大型煤矿采掘业的关闭以及随后而起的国家同全国矿业工会（National Union of Mineworker）的斗争，改用天然气来生产电能（向天然气进军（thc "Dash for Gas"）），以及向服务业转变而带来的去工业化。在伦敦市去管制的政策条件下，伦敦向金融服务业的转变尤为严重。在历史上，这一事件被称为金融"大爆炸（Big Bang）"，它使得英国金融市场占据了巨大的国际比较优势。这一经济转型政策的有效实施，支持了英国近 10 年的持续经济增长，直到 20 世纪 90 年代早期英国决定退出欧洲货币联盟（European Monctary Union）。受到这一决定的影响，英国随后经历了自 1990 年末期到 1992 年中期近三年的 GDP 下降。但此一时期的 GDP 年下降率（最高达到 2.2%），与 20 世纪 80 年代中期的 4%和 1974 年早期的 3%相比幅度要小。

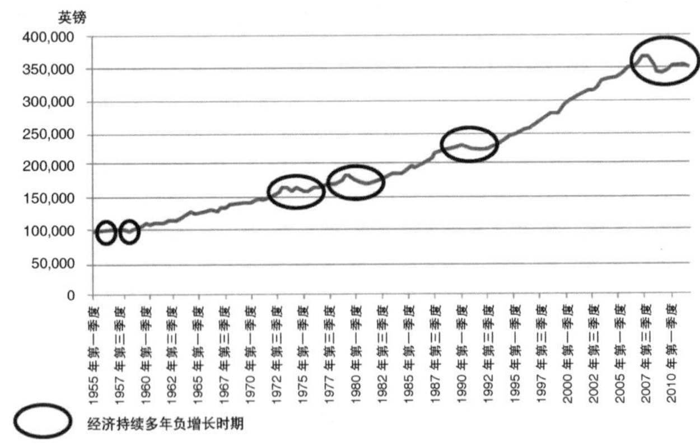

图 4.1　1955—2012 年英国国家经济产出水平变化
（按 2008 年价格进行季度测算至 2012 年 5 月）

数据来源：国家统计办公室 www.ons.gov.uk/ons/index.html

可以说，上述的这些经济衰退，与当前我们正在经历的经济下滑相比，要轻微得多。自 2008 年的第三季度以来，年实际 GDP 经历了持续六个季度的下降。从 2008 年的第二季度到 2009 年的第四季度，国家产出按实际值计算下降了 5%。在 2013 年预算（2013 Budgct）发布不久，也即正是写作本书之时，国家预算办公室（Office for Budget Responsibility）调整了关于 2013 年 GDP 增长率的预测值，即从原来的 1.2%下调为 0.6%。此次经济衰退的原因，主要源于两次债务危机以及限制资金流进入经济运行系统的应对政策所带来的经济低迷期的增长。

在2008年,世界范围内许多银行的收支平衡都面临严峻问题,这是因为银行极力运作的不动产购买贷款的价值以及银行投资的复杂债务产品（产品被重复多次组合、分解进而形成高风险的抵押贷款和债务）的价值等均受到了低估。在此情况下，原有的因为抵押贷款和消费债务（例如信用卡消费）而形成的高度负债的许多家庭,不再被认为是银行获得持续利润的源泉。如此一来，许多银行只能借助公共机构的金融支持以使自己恢复到看似充满前景和活力的状态。而银行也很不情愿贷款给家庭和商户，随之而至的则是信用紧缩。

自2010年以来，许多政府机构也陷入了深重的债务以至于金融机构都认为这种负债状态是不可持续的。许多欧洲国家的政府发现发售债券等类似金融产品以获得融资变得越来越难。为了刺激买家购买这类债券，这类产品的收益率在一些情况下甚至被提升到了7%。这预示着政府在已经处于过度负债的情况下，还需给债券买家支付巨大额度的利息收益。对这种金融状态，国际金融机构和金融市场的折衷解决方案是实施预算缩减，限制公共机构为促进经济增长而进行投入的资本总量。为了解决上述这些预算和经济问题，部分欧洲国家，例如希腊，有可能就会退出欧元区以降低本国货币的价值。这种可能性，则使得各国走出经济萧条的可能路径受到更进一步的威胁。

上述经济发展状况，毫无疑问，为政府政策，包括规划政策的制定和实施设定了重要的参照背景。这些背景表明，应对城市发展变化而开展的规划编制的理性基石是经济增长。虽然经济增长是英国战后发展的一个重要特征,但此一基石并不十分可靠。特别是自20世纪70年代以来，各级政府都忙于应对经济增长率的持续波动以及多年的连续负增长。图 4.2 描述了不同政府自 20 世纪 70 年代以来面对的各种经济上下波动。

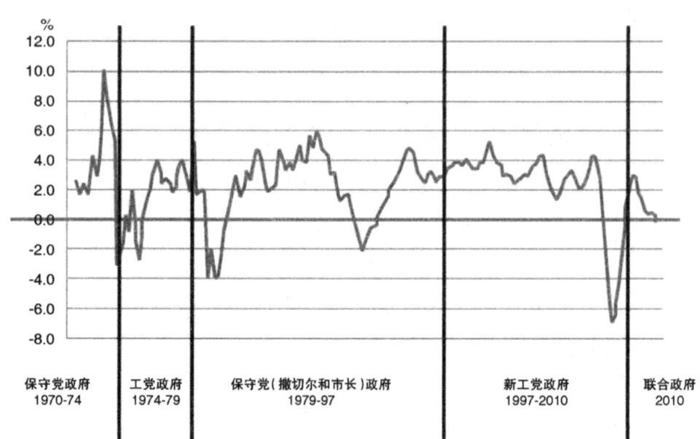

图 4.2　1971—2012 年英国经济增长水平变化

（年 GDP 变化，按 2008 年价格进行季度测算至 2012 年 5 月）

数据来源：国家统计办公室 www.ons.gov.uk/ons/index.html

在经济上行时期，增长导向的规划系统看起来完全合适，它能够将经济增长与规划政策有效结合，从而通过经济增长驱动城市发展，并且实现城市公共利益。因此，在此一时期内为社会和环境效益提供资金支持不成问题。然而，在经济下行时期，情况则不同，社会、环境等方面的效益无法依靠经济增长的引擎。在其他国家或其他不同时期，国家政府往往会大幅度直接干预市场以达到实现规划目标的目的。然而，如上文所述，自 20 世纪 70 年代以来，英国政府应对经济下行的政策是进一步强化增长依赖型的发展范式，放松管制规定以期遏制经济的不振。

因此，根据历史发展经验判断，从长期来看，认为经济可以保持持续正增长还是有一定根据的。但从短期甚至是中期来看，经济的持续增长是无法保证的。实际上，不同年份的经济增长差异是非常明显的。在战后，英国经历了多个持续多年经济负增长的发展历程，由此经济产出也发生下降。应对这种经济不振的一个策略是等待经济走出低迷，并期待紧接的下一阶段将迎来经济回升，而相应的增长依赖型规划的有效性也能够得到恢复。这一策略最大的困难在于，可能需要等待相当长的时间经济才能从萧条走向增长；这也预示着多种不同形式的主动性很强的规划会被暂时性搁置以等待新机遇的出现。

2 经济增长的空间格局

考虑到城市发展内生的空间区位属性，上述国家经济发展概况可以说只能反映城市发展宏大图景的一个小小部分。因此，经济增长和经济复苏等经济现象的空间分布对全面理解发展具有重要意义。经济萧条的空间影响，在某种程度上，依赖于引起萧条的具体原因。因此，产业重构的空间格局与金融危机效应引起的空间发展格局将大为不同。但是，与此映衬的是全国经济活动所呈现出来的另一种显著的区域格局。通过图 4.3 所描述的人均经济活动贡献的区域分布情况可以清晰看出，伦敦在整个国家经济活动中占据主导地位，而处于相当落后位置的是东北地区，紧随其后的是北部和中部区域。

图 4.4 所描述的人均新生企业数量在全国范围内的分布情况进一步强化了这一结论。利用该图，我们可以了解未来经济增长潜力的区域差异。与上文所述情况类似，伦敦和东南部地区再次脱

颖而出，拥有最高的新生企业比例。在 2002 年，东部地区和西南地区均有不俗表现。在 2009 年，东部地区注册的新生企业比例高于平均水平。但是，北部和中部地区的新生企业比例依然低于全国平均水平。

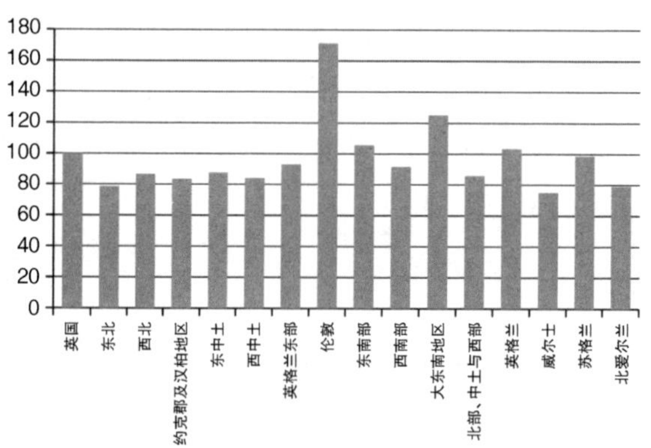

图 4.3　2009 年区域产出：分工作地区测算的人均产出增加值指数

数据来源：国家统计办公室，区域趋势，表 A（1）（i）

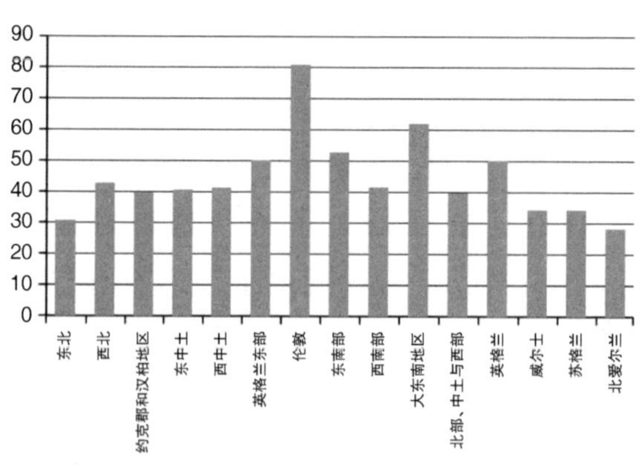

图 4.4　2009 年区域新生企业数量：个/万成年人口

数据来源：国家统计办公室，区域趋势，表 E（1）（ii）

这一空间分布特点预示着所有经济周期的转折将首先发轫于伦敦、伦敦周边以及东南地区。而其他外围地区则仅受到来自这些经济中心而向外逐步扩散的涟漪效应（ripple effect）的影响。而在更加边缘的地区则需要等待很多年才有可能经历涟漪效应，最终获得的来自东南部经济增长的带动效果也将相当微弱。这些经济上的边缘地区与地理上的边缘地区并非完全一致。例如，考虑到交通对地区发展的重要性，交通联系较好的区域将可以获得发端于东南部的经济回升所带来的好处。因此，等待经济复苏并为其做好城乡规划的充分准备，对于增长依赖型的规划者来说不失为一个不错的策略。但这一策略并不能保证其在不同地区均能产生效果。

有观点认为，市场应该顺应需求变动（无论是短期还是长期的）以促进新的投资能够进入处于市场低迷的地区。因此，经济发展的空间差异性最终将引导资本从价格上涨、资源已经充分利用（例如劳动力和土地）的区域流向价格相对稳定甚至处于下降状态的区域。如果土地和劳动力价格相对较低的区域能够吸引投资，那么其将有助于均衡经济活动的地理空间分布。现实表明，部分投资和城市开发活动，展现出了向具有较低土地价格、开发成本和工资水平的地区拓展的趋势。然而，这种经济的空间均衡化过程在不同国家内部也面临着巨大的阻力。

在工业化社会，低收入地区由于拥有低廉的劳动力，往往更容易吸引工业的发展。然而，在当今社会，这一趋势变得越来越不明显，这是因为制造业在当前国家经济中的重要性远不如前，并且低廉的劳动力价格并不具有足够的吸引力来吸引有助于增加国内就业机会的投资。而在海外更加低廉的劳动力资源的影响下，这一吸引力在国内则更为弱化。对许多工业活动来说，它们更加关注劳动力的技能而不是其成本。同时，从管理角度考虑，这些工业活动还倾向于将企业置于有利于满足劳工的居住期待的地区。随着国家经济向服务型经济的转型（目前制造业产出仅仅占 11%，就业比例仅仅占 8%）[1]，低收入的地区很有可能将不再具有重要吸引力。一部分服务业将和工业一样，倾向于寻求熟练劳动力而非廉价劳动力；而还有一部分服务业，例如个人服务、零售服务和休闲服务等，地方对服务业的需求的影响要远大于可获得的服务业劳动力资源的影响。在此内在逻辑驱动下，这些服务业将被吸引到具有高度经济需求的地区而不是吸引到廉价劳动力所在的地区。

此外，对待风险的态度的不同会使得主要的经济参与主体倾向于将资本投放在现成可见的机会上以攫取利润，而将可能的风险溢价置于尚未尝试的投资路径。企业和投资人通常表现出严重的路径依赖特征，即喜欢将新资本投入到自己以前投资过的地区，而不会轻易将资本投入到没有投资过的地区。在某些投资模式的影响下，上述这些经济问题往往会进一步恶化。特别地，在房地产开发和城市开发领域，其往往推崇消费导向型经济活动（以受高收入驱动的住房、零售、配送和休闲市场为基础）而非生产导向型经济活动（例如工厂和作坊的经济活动）。

谈到土地市场的运行，经济学理论认为在不同发展压力条件下，土地市场具有自我调节功能。在土地需求不足地区，市场机制将引起土地价格的下降，这样将会扩大新开发项目的价格与土地价格之间的差价，最终使得开发商可以从中获利。然而，有证据表明，这一理论推断的现象并不是那么轻易就会发生的。

通常情况下，土地所有者都抵触自己所拥有的土地的价格的下滑，这一特点在土地市场理论中我们称之为“下行粘滞（downwardly sticky）”。此外，还有可能发生的一种情况是，对新的土地开发的需求过低，使得土地价格不得不大幅下跌，土地交易量面临大幅下降而非新的开发需求的涌现。在需要付出修复成本才能恢复土地正常使用的情况下，土地价格甚至可能跌入负值，例如被污染的工业棕地这种案例情况。最后，低迷的房地产市场和土地市场内在的不确定性也会打消许多开发者向该领域投资的念头；他们可能会等待市场走出低谷且明显回暖的时期再行加入投资行列，而不会充当此类不稳定市场的先行者。

受上述原因的影响，市场可能不会那么容易就能够对低经济增长和低市场需求等新形势的出现作出及时有效的反应和调整,从而通过新开发项目来有效推进城市的变化发展。因此，寻求有别于依赖型规划的新规划模式显得尤为重要。

3 应对经济重构

经济下行对城市开发能否获得利润具有重要影响，进而会影响到依赖型规划的有效性。如果这种经济下行是由大范围的经济重构而非经济的周期性上下波动引起的，那么其将给依赖型规划带来更加复杂的难题。

关于经济重构的特征属性，已有一些讨论。康德拉捷夫（Kondratiev）首次提出的 50—60 年左右的长经济周期理论，许多经济学家还没有完全接受[2]。不过对经济重构与经济低迷时期的资本贬值周期之间的关系的研究，依然还有很多经济理论家在进行探索。

通常来说，在经济低迷时期，资本的贬值往往能够为新一轮的投资创造条件，部分学者认为这个过程的发生同新技术的引入有关。熊彼得（Schumpeter）提出在不同的创造性破坏浪潮中，现存资本将会贬值，进而使得新的投资流向此一时期的新技术领域[3]。马克思主义者大卫·哈维认为这种经济重构是资本主义危机的必然，它可以为新一轮的资本积累铺平道路。哈维特别指出，资本流入和流出建成环境，可以看成是对产品和服务的生产过剩或消费不足的一种反应[4]。不过，危机到底会持续多长时间，以及危机过后是否一定会迎来正面的增长是具有很大不确定性的。

从全球尺度上考虑，这种不确定性更是如此。全球经济的不断重组转换，使得资本积累和投资不断地向新的地理区位集聚。事实是，我们可以认为目前我们正处于或正在进入这一全球经济转移的大潮中。在此背景下，作为首个工业化国家的英国以及欧洲和北美等所谓的发达国家的主导地位正面临新的挑战。例如，BRIC 和 CIVET 等缩写单词描述了目前正在经历高速增长并处于经济上行的一系列国家。其中 BRIC 表示巴西、俄罗斯、印度和中国，CIVET 则表示即将在下一阶段脱颖而出的新兴经济体，包括柬埔寨、印度尼西亚、越南、埃及和土耳其。此外，还可以将 S 加入上述两个缩写单词的末尾，以表示南非。

通过对近期发布的数据的分析，可以看到全球经济向这些国家转移所带来的影响。世界银行 2015 年的数据表明，世界经济正在以 2.5%的平均增长速度朝着低速复苏的道路前行。不过，需要指出的是，这一平均水平掩盖了高收入经济体和低收入经济体之间的增长差异：低收入经济体的预测平均增长率大约为 5.3%，而高收入经济体的增长率则仅为 1.4%。举例来说，在中国和印度，其增长率分别大约是 7.6%和 5.3%（虽然与此前的年份相比水平有所下降）；在日本和美国，其预测的增长率大约为 2%；而在欧元区国家，经济依然处于萎缩状态，2012 年的增长率仅为 0.3%。即使是德国这样的欧洲经济强国，其 2012 年的预期增长率也只有 0.7%[5]。

全球经济转移使得英国等国家面临全新的发展形势。这些国家在过去所享受的经济增长引领者的地位不复存在，从经济增长率角度考察，它们甚至被划入落后国家的行列，并且这些国家现有的世界最大经济体的地位正在被新兴国家逐步取代。自 2008 年以来的短期经济危机也许可以看作是这种新形势来临的前兆。在这里，有一个重要问题需要回答，那就是在新的全球经济环境下，英国的经济重构后将是什么局面。到 2008 年，英国的金融服务业，特别是金融服务业的出口部分，经历了快速的增长（全球化背景下的一个重要测算指标）。具体来说，英国的金融服务出口从 2002 到 2005 年的 200 亿美元增长到了 2007 年的 720 亿美元；在经济危机后的 2009 年，金融服务出口依然达到了 530 亿美元[6]。然而，这种金融以及其他服务行业是否能够成为英国重组后的经济基础呢？在一个相当乐观的论述中，伊文・戴维斯（Evan Davis）特别强调服务业，特别是教育业和基于知识产权的行业的增长。不过，正如戴维斯自己所言，这种策略将会给转型带来新的问题——“所有的经济转型往往都会令人不知所措，伴随着新技能的价值提升，在此过程中既会有成功者，也会有失败者（P197）”；同时这种策略也会带来机会是否均等的问题——“道理非常简单：建立在知识产权基础上的经济，对于没有相应知识产权出售的人来说，将会令其处于非常艰难的境地（p195）”。

上述讨论表明，即使在经济好转的条件下，对于英国大部分地区来说，其在某一时间段内的主导经济形势依然会是低增长。因此，想要通过增长依赖型规划来实现既定的城市变化发展，存在着相当大的局限性。新开发的需求水平的不足可能会使这种开发无利可图，因此也难以带动社会和环境效益的实现。同时，即使在增长复苏的条件下，不可能所有群体都能够享受增长，因此既会产生利益获得群体也会产生利益丧失群体。

英国和许多其他欧洲国家目前正在发生的人口结构性变化，正在进一步强化上述经济发展新形势。这种人口的结构性变化主要指英国正在经历的人口老龄化趋势。国家统计数据[7]表明，年龄大于65岁以上的人口比例将从2010年的17%上升到2051年的24%。在21世纪50年代，男性在正常退休后几乎可以再活26岁，而女性则可以再活28岁。这些发展趋势对城市规划来说具有重要启示：人口的老龄化将使得有必要将现有城镇改建成对老龄人来说更加友好的聚居环境。即使如此，我们还不能忽略这种人口变化带来的经济后果。

在2010年，平均3.2个人需要支持一个靠退休金生活的人。即使在增大可以获得国家退休金的相应年龄的条件下，到2051年这个数据依然会下降到2.9。如果不考虑这种调整，那么在2051年则平均2.0个人就需要支持一个靠退休金生活的人。自2001年到2010年，英国人口的出生率从1.63增长到了2.0，但自1973年以来人口出生率总体上还是低于人口的出生率替代水平（replacement rate，保证人口在长期范围内的平衡发展）。因此，对英国来说，从人口学角度考虑，应对人口老龄化问题的唯一路径就是依靠外国移民的迁入。不过，外国移民人口在2006—2010年间的年均水平仅为20万。

此外，我们还需要认识到移民人口的迁入是和英国的经济发展状况紧密相连的，并且我们也无法假设英国过去所经历的移民趋势会在未来继续保持。很显然，移民人口在空间上不会均衡分布，而是会朝着经济兴盛的区域集中，例如伦敦地区和英国的东南部地区。这将进一步强化英国区域之间潜在开发市场的差异，进而影响到增长依赖型规划在相对繁荣的地区和相对落后的地区的潜力发挥的不同。

即使允许这种移民趋势持续发展，英国国民依然会越来越老龄化，其后果就是家庭平均可支配收入会不断下降。这是因为人们在退休后，其收入将会大大下降。而考虑到目前还有许多人获得的退休金不足的现实，这种家庭平均可支配收入下降的形势在未来将更加严峻。如果劳动力人口无法参与更长时间的工作，那么未来的经济总需求的下降是难以避免的，这反映到经济发展上就是经济将经历更低的增长率。许多经济学家对人口发展的这一未来趋势持乐观态度，认为其负面影响将不会太大，但会加强由于全球经济生产活动重构而带来的国家经济发展转型[8]。

4 对私营部门的杠杆调控

土地开发的需求市场在时空上的差异，不仅给增长依赖型规划带来新的问题，还将造成公共开发的时空缺位。英国规划体系的应对措施，是在一些特定时期采取杠杆调控的措施，使得私人开发项目发生在特定的地区。通过这些调控措施来刺激这些地区的房地产市场的增长，从而为增长依赖型规划的有效性的建立或重建创造条件。

如图 4.5 所示，在市场需求水平有限的条件下，一个完整的开发项目的价值会被低估，这就造成此类开发项目的收益在去除开发成本后，不能给开发商带来可接受的利润水平。要改变这一不利状况，可以尝试与土地所有者进行磋商以期待其降低土地价格，从而使得开发商能够获利。但是，这种尝试可能会遭遇很多困难，例如土地所有者一般不太会降低自己所有的土地的价格，再比如所要开发的土地原买入价格已经相当的高，对其进行新的开发基本无利可图。在这种情况下，土地所有者和开发商通常都会选择撤离开发市场，等待具有较大利润空间的时机的到来。为了在开发过程中实现一定的社会效益，增长依赖型规划者可能会选择给予开发项目一定的差额补贴（gap-funding）。这种差额补贴可以有多种形式，例如直接的金融资助、较低价格的土地供给或者提供公共资助（至少是部分资助）的基础设施。

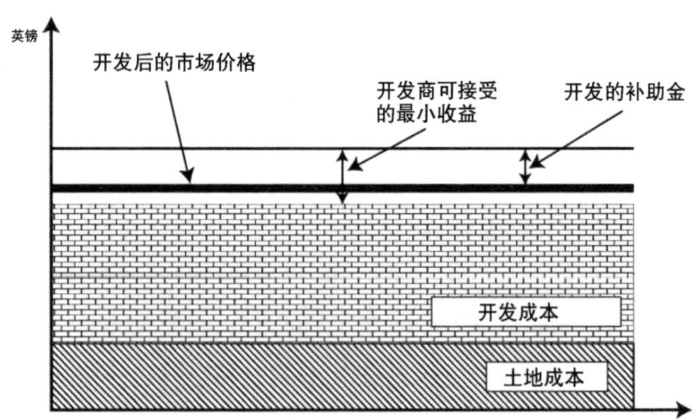

图 4.5　对私人开发的杠杆调控

采用这种方法的一个典型例子，就是通过公共补助的方式，将2012年的奥林匹克运动会场址的开发与其临近地区的开发和城市更新统一起来。例如伦敦奥运筹建局（Olympic Delivery Authority）在哈克尼·维克（Hackney Wick）的东部和斯特拉福（Stratford）镇的西部约2.5平方公里的工业棕地上，综合开发了运动场馆、运动员的住所以及景观公园等。其最直接的目标就是支持持续六周的奥林匹克运动会和残运会的顺利开展。而其更远的目标，对于国际奥委会和英国国内来说，都是希望通过该项目的开发给本地区带来长远的城市更新。

因此，伦敦奥运会所建的运动员住房现在则可以用于满足其他群体的居住需要；奥运公园——在奥运期间是一个封闭安全的空间——现在则成为对所有伦敦人开放的休闲场所；而其他许多运动设施则转变成为此地可以长期享用的社区体育设施。配合地方当局打造“斯特拉福市（Stratford city）”的规划愿景，这些新开发项目将有助于改变外界对东伦敦此一地区的负面认知，从而促进经济发展的良性循环。而在斯特拉福火车站附近（也是进入奥运会场馆的入口处）即将开发的西土购物中心（Westfield Shopping Centre），则是成功吸引未来投资的一个典型例子。奥林匹克公园遗产公司（Olympic Park Legacy Company），现在已经改组成了伦敦遗产发展公司（London Legacy Development Corporation）。其是一个专门的市长发展公司，负责完成奥林匹克地区的相关开发和更新项目。

由于投入该地区的资本规模非常巨大，才使得上述这些开发得以实现。计算奥林匹克运动会所需要的投资是一项相当困难的事情，但被普遍认可的预算大约是93亿英镑，其中有17亿英镑用于城市更新，53 亿英镑用作房屋和基础设施建造。在这些支出中，很大一部分用在了清理本地的污染物，包括通过“土壤医院”或土壤清洗机器（soil-washing machine）对本地 140 万方的土壤进行修复，以及对流经该地区的李河（River Lee）实施的清污治理。为了给“大体量（Big Build）”的建设做好准备，在此地还拆除了 200 栋建筑，并在某种程度上彻底更换了本地的水、天然气、电力和电信等基础设施管网。

然而，需要注意的是，在伦敦奥运会之前，东伦敦地区已经经过了大量的开发投资，这部分的投资也是杠杆调控东伦敦地区开发一种方式[9]。例如，该地区的交通条件在此以前就有很大的改善。在 20 世纪 80 年代早期，斯特拉福火车站既与中心地铁线（Central Line）相连，也与从利物浦街（Liverpool Street）出发的国家主要铁路线相连。随着 20 世纪 80 年代末期伦敦道克兰（Docklands）地区的开发，包括南部的金丝雀码头地区的开发，斯特拉福火车站又构成了道克兰轻轨（Docklands Light Railway）的一个终点站。自此以后，其他公共交通线也陆续通过斯特拉福火车站，例如以查林十字车站（Charing Cross）为起点，经过威斯敏斯特站（Westminster）和泰晤士河南岸后折回道克兰地区的朱必利地铁（Jubilee Line）延长线；综合利用已经存在的、尚未利用的以及新建的轨道而建成的服务于内伦敦东部的地面铁路线。此外，下穿泰晤士河并深入伦敦中心的英吉利海峡隧道铁路连接线（Channel Tunnel）以及高速铁路 1 号线（High Speed 1）均决定在斯特拉福设立站点。如此一来，从斯特拉福到国王十字火车站（King’s Cross）只需要 6 分钟，这对斯特拉福来说应该是其最为重要的一个交通改善工程。

最后是关于对奥林匹克公园及其周边土地的管理以利于其未来的发展。按照原计划，奥运村中 2 818 套公寓将全部交付私有公司开发，并进行发售。然而这一计划并没有有效实施，因此公共部门最后参与其中，对其建设进行了资助。现在，这些土地被开发成了社会住房和私有住房的混合社区，其中约有一半的住房由铁人三项家园（Triathlon Homes）管理，用作保障性住房；剩下的住房则被德兰西和卡特迪昂（Delancey and Qatare Diar）财团（一个国有投资基金）收购，继续负责在商品房市场上销售；此外，与该开发项目一同打包的还有一块可以再开发 2 000 套住房的土地可供使用。根据报道，此土地和房地产的出售亏损了近 27.5 亿英镑。当然，对于这一亏损数据，众议院委员会的公共财务办公室（House of Commons Committee of Public Accounts）在 2008 年就对公共部门可能遭遇的金融风险有所认识[10]："公共部门最终需要承担的成本将决定于在奥运会结束后对相关财产的处理结果，特别是奥林匹克公园范围内土地的销售情况以及奥运村转换成住房并进行销售所能够取得的收益分成"。（p3）

奥运会开发组还在奥运场馆附近一系列地方规划额外增建 8 000 套住房，其中近一半将用作保障性住房。对这些设想目前已有五项规划，包括乔巴姆庄园（Chobham Manor，960 套）、东维克（East Wick，887 套）、甜水（Sweetwater，651 套）、湿地门户码头（Marshgate Wharf，2 665 套）和布丁米尔街巷（Pudding Mill Lane，1 709 套）等，总计约 6 800 套住房的建设。如果这些更新能够有效实现的话，那么私营部门的开发将会有利可图，而伦敦遗产发展公司在出让这些土地的时候还可以获得一份收益。然而，如果市场需求无法将这些规划变成现实，伦敦遗产发展公司则可以选择将土地以较低价格转让给开发商，这即是另一种形式的公共补偿，以寻求私营部门的资本支持。事实上，在城市土地开发过程中，公共补偿往往是有必要的。比如说，格林威治半岛城市更新公司（Greenwich Peninsular Regeneration Ltd）在 2002 年就获得了某一块地的规划许可，允许其建设 1 350 套住房，但是该公司选择了待价而沽，在目前的市场行情下依然还没有实施建设。数据表明，在伦敦奥运会投资过后，斯特拉福地区的住房价格与伦敦的平均住房价格之间的差距似乎并没有缩小[11]。

不管如何利用公共资源来调控私营部门的投资——伦敦奥运会可能是最为极端的一个例子——其对私营部门投资的调控作用最终可能都会比较有限。一般来说，只有在市场机制或多或少还能够发挥作用的情况下，差额补偿这种调控方法才能发挥最大效用。事实是，差额补偿只是调整边际收益的一种手段，要想通过补偿机制彻底取代市场机制，其成本是非常巨大的，并且往往也无法实现增长型规划所期待的额外收益。公共补偿有可能会使得某一特殊的开发项目得以实现，但是在市场需求处于持续低迷的条件下，这种开发的实现将无法产生足够收益，当然也无法带来乘数效应和溢出效应。

要使得杠杆调控下的规划切实有效，往往需要大量的公共资金支持。在目前状况下，这种模式是有一定问题的。这是因为目前世界范围内的许多国家，包括英国，均在实施公共财政紧缩政策，这将对可用于杠杆调控的公共资金非常有限。实施财政紧缩政策，既是国内政治决策的结果（必须强调的是这的确是一种政治选择），也是国际金融市场的自然应对结果。如果政府赤字较为严重，国际金融市场有理由认为政府债券风险会加大，进而降低政府的信誉等级。由于世界不同国家的政府需要出售政府债券来获得金融资本以解决政府支出（当然，讽刺的是，也需要支付之前所负债务所需要支付的利息），因此信誉降级的评估将会对政府造成较大威胁。对英国来说，这一点非常重要，这是因为，考虑到伦敦重要的金融中心地位，英镑是否能够被看成一种安全、稳健的货币，并作为投资和交易的基础货币，关系到整个英国经济。此外，受经济增长不足（会降低政府收入，企业税收降低但欠账却会增长）和北海油田缴税下降的影响，政府的税收增长将会大大受到限制。

在上述各种因素的影响下，政府的财政规划因此会变得相当谨慎。但是，有部分领域——例如国家健康服务（National Health Service，NHS）——即使在此情景下依然会受到公共财政保护。这样一来，将进一步挤压其他领域可能获得的财政支持。2010 年的公共开支审查承诺在四年之内削减开支 2 030 亿英镑[12]。对社区与地方政府部（Department for Communities and Local Government）而言，到 2018 年对其的累计开支削减预计将达到 70%。目前，英国财政经费正被引导投入到大型基础设施的建设，不过在有限的白厅开支（Whitehall expenditure）上，大型基础设施这方面的投入也会根据需要做一定的平衡，以满足其他方面发展的调控需要[13]。这些金融上的设限，为地方政府促进资本流向低收入地区创造了条件。

目前，关于在怎样的条件下需要从紧缩的财政政策转向使用政府财政支出来刺激增长的讨论依然如火如荼。不过，即便使用财政刺激政策，这也仅仅是较低限度的刺激支持，其也许会给某些具体的更新项目和基础设施建设项目提供部分资源支持，但要想使得财政支持成为城市发展的唯一驱动引擎，这种支持力度是远远不够的。事实上，私营部门的投资开发一直以来都是城市发展的核心力量，并且这个地位依然会持续，这也是所有持不同政见的不同政党普遍接受的现实，这就使得增长依赖型的发展策略占据了政府议事日程中的核心位置。

增长依赖型的规划范式需要以经济增长驱动下的城市发展为前提。本章对经济增长这一前提假设的充分性和合理性做了详细分析，并质疑这一假设不能成为规划行动的基础依据。在实际发展过程中，我们总能找到在某些地区或某些时段里面，由于开发项目本身对私营部门而言没有足够的利润而使得增长依赖型规划难以实施。目前，我们正面临的经济上时好时坏的持续低增长在时间跨度上的增长，可能会使得增长依赖型规划在更大范围内难以奏效。而全球经济活动重构和未来人口发展趋势将进一步恶化这一现实，并且在目前看来公共部门的财政支持也无法有效化解这种短期、中期和长期的经济转向可能带来的挑战。因此，这就迫使我们另寻出路，探求不同但切实有效的新规划范式。

第五章
增长依赖型规划的环境与社会后果

与上一章不同，本章从环境可持续性和社会影响两个新视角，以批评的态度指出追求增长依赖型规划的不足。首先，本章将阐述进而批判推进新的开发是实现更加绿色增长的路径的观点。然后，本章考察增长依赖型规划如何通过提升土地价格来实现运作，并讨论其对不同城市地区和不同地方社区可能造成的后果。在业已存在的城市内部不平等的背景下，土地价格的提升既是市场导向的开发模式获得利益的源泉，也是此类开发带来的非均衡影响的结果。

1　通过增长依赖型规划促进绿色增长

人们对城市可持续发展，特别是城市发展的兴趣的日益增加，使得其更加倾向于采取增长依赖型的规划模式[1]。可持续性，如大家经常所闻，是一个具有高度争议性的词汇，但现实中，其被广泛用来表示那些能够带来经济、社会和环境效益的人类活动的基本特征。由于近年来环境问题在各种议事日程上的重要性越来越显著——包括气候变化、生物多样性丧失、土壤退化、洪水防护缺失、空气对健康的影响、土地和水资源污染等——如何在追求经济活动的同时实现一定的环境效益的挑战受到了特别的关注。在此背景下，产生了所谓的绿色增长和生态型现代化等概念[2]，其目标就是寻求经济发展新路径，采取更加洁净的技术和改变相关的人类行为以降低人类活动对环境所造成的负担。其理想状态就是要充分发掘出绿色消费这一利基市场的潜能，使得环境保护成为获取利润的一个来源。

绿色增长的概念，最初主要用来指导不同国家政府的经济战略的制定，后来则逐步演变成为对地方而言具有相当吸引力的经济发展策略的参照，同时也成了考察规划应对城市变化发展功效的一个新维度[3]。环境保护意识较强的增长依赖型规划，正努力寻找各种新的方法路径来吸引投资，推进新城市开发项目的实施，并使得这些新开发项目有利于长远的环境保护需要。这一逻辑思路包括了多个不同方面的内容，需要进一步阐释。

首先，沿着这条思路，在未来就需要所有新的开发项目与现有的建筑和地方建设相比，必须实施更加高的环境标准。目前，这一做法主要应用在能效领域，当然也包括其他领域，例如水利用效率、地表排水处理以及生物多样性等。有人相信，通过这些新的开发建设，城市地区将有望逐步升级改造，从而使现有的建成环境的可持续性产生质的提升。在英国，当前的政策是所有的新建住房建筑在 2016 年以前、所有的非住房建筑在 2019 年前都必须达到零碳排放标准[4]。在地方规划政策的调控、规划许可和建设许可条件不断提升的规划引导下，上述这一减排目标目前正在逐步实现。根据上述逻辑及其现实发展趋势，则可以推测：更多的新开发项目的实施，更大范围内的新开发和再开发工程的开展，将会更快更好地促进城市的转型发展，使其拥有更加可持续的未来。

其次，在此规划逻辑下，我们还可以将规划所获得的收益用于实现其他特定的环境保护目标。例如，在开发过程中，可以将开发基地的部分土地用于自然生态区建设，或将部分开发所得收益用于其他地方的自然保护。再比如按照项目零碳开发评估导则的要求，开发商必须在所有的新开发项目上使用可再生能源技术，或者拿出部分资金支持其他地方的能效的提升或可再生能源的生产[5]。通过上述这种方式降低其他地方碳排放的绩效，可以计入新开发项目本身对碳减排的贡献。

第三，由于在城市建设过程中和城市建筑运行管理过程中需要用到相关生态技术，因此城市开发可以激发这种需求的增长，从而为地方和国家的总体经济重构做出贡献。这种生态技术的需求囊括许许多多的产品和服务，包括从节水的淋浴喷头到建筑设施的维护咨询等。将围绕生态技术所进行的地方经济开发排除在外，当前对于开展环境可持续性的开发是否能够带来更加绿色的国家经济的问题，依然没有明确结论。我们可以确定，实施绿色开发将有助于以进口建筑材料和绿色技术为主要业务的行业的发展，但作为总体产业发展战略的一部分——不管是国家尺度、区域尺度还是地方尺度——可持续经济发展能够带来国家总体经济向绿色转变，还是有一定可能性的，不过这种可能性的出现需要相当数量的可持续城市开发以创造更多的绿色需求市场。

在任大伦敦政府市长期间，肯·利文斯通市长探索了为伦敦建立氢经济（hydrogen economy）的可能性。其中一项重要的措施是将主要能源消耗部门，特别是交通部门的能源需求从传统燃料转换到氢燃料，并且将氢燃料能源技术广泛运用到本地经济的创新发展。虽然这种发展战略能否被公众接受、是否安全可靠、是否具有经济可行性引来了许多担忧，但不得不说这种战略是将增长依赖型规划和生态型现代化相结合的一种大胆尝试。一些城市发展行动——例如建设生态工业园——试图将绿色增长植入到城市发展之中[6]。在这些生态工业园中，所有的建筑都按照最高的环境保护标准进行建设，同时尽最大的努力确保工业园中的生产废料可以被本园内另外的工业或者商业部门有效利用。

在国家规划政策大纲（NPPF）中[7]，对绿色增长做了最新的详细阐述，其展示了国家努力将增长依赖型规划融入到可持续发展议程的热忱。根据这一逻辑，可持续发展涵盖三个维度，分别是经济维度、社会维度和环境维度（p2）。其中环境维度定义为："有助于保护和提升我们的自然环境、建成环境和历史环境质量；进而提升生物多样性、审慎利用自然资源、降低垃圾产出和污染、降低碳排放、适应气候变化并努力转向低碳经济。"（p2）。

以绿色增长为依据，NPPF希望经济、社会和环境三个维度能够形成"相互依存"的关系，并且希望"经济发展能够确保更高的社会标准和环境标准的实现（p3）"。因此，规划体系需要寻求新的路径，使得城市开发能在上述三个维度上"同时获得共同的"收益（p3）。为了实现这些方面的协同，国家规划大纲列举了如下这些方面的工作：

· 使城市地区和乡镇地区能够创造更多工作机会；
· 使城市的发展能够给自然带来净收益；
· 用高质量的城市设计取代低劣的城市设计；
· 改善人们的居住条件；
· 扩大高品质住房的选择机会。

在接下来的一节，我们将重点分析上述绿色增长模式的内在压力及其面临的挑战。

2 对环境可持续性的启示

增长导向的发展路径，包括绿色增长导向的发展路径，从可持续角度考察，在许多方面存在令人担忧的问题，其中最基本的是关于资源的利用问题。很显然，增长导向的发展路径在很大程度上依赖于新的城市开发项目，以此为城市发展引擎的发展模式不可避免地需要使用大量资源。城市建设的过程将直接消耗能源和水资源，但其中消耗最大的是建设所需的材料。在某些情况下，这些材料直接来自于大自然，例如大理石和沙石等。而在其他一些情况下，这些材料需要通过对自然资源的再加工生产才能获得，例如钢铁和水泥等。在这些材料中，除了在地质时间尺度上，大部分属于不可再生的存量资源（stock resources）。不过，木材属于特例，作为一种可再生资源，其在许多国家的建设中被大量使用。在建材需要加工制造或者需要经过长途运输时，将涉及到额外的能源成本和碳成本。将运输建材过程中消耗的能源和制造这些建材所消耗的能源相加，则可以得到某一建材的总体碳排放量，这一数据可以作为评估城市开发过程对环境的影响的又一个新指标。

我们知道，增长依赖型规划大力提倡新城市开发项目的实施。然而，考虑到这些新项目对环境的影响，我们是否需要将这类新的开发项目的总量限定在一定水平内引起了不少担忧。其中一个问题是：我们对以鼓励大规模开发，包括基于拆迁的再开发为特点的增长依赖型规划的倚重，是否恰当合理?

关于这个问题，有观点指出可以通过各种不同的方法来降低这种新开发对环境的影响。例如，有人提出使用再生资源的建造工艺应该得到优先提倡，而木材则是一个不错选择。此外，许多设计师已经尝试一些新的自然建材，例如麻类、稻草以及石灰石等，以试图增加可再生资源在建筑物中所占的比例。受王子基金（Prince's Trust）的提倡支持，在伦敦的建筑研究所创新园（BRE Innovation Park）已建成了一座“自然之屋（natural house）”[8]。该房屋呈现英国传统建筑风格，在采用传统建造工艺的同时使用了许多的自然建材。整个建筑表皮由粘土制成，不仅以石灰石为基础进行了渲染和造型，还使用了压缩的木材纤维和羊毛建设了房屋的隔热层。房屋屋顶使用了泥土瓦面，所有的地板和窗户使用的是森林管理委员会认证的（FSC-certified）木材。此外，人们还探索了在商业建筑和中高层建筑中使用木材的可能性。为了降低对树木的砍伐，通常会采用指接板技术来改善木材的结构性能、提升防火性能及其能效，以满足建筑工程需要。目前，越来越多的工程实践都在采用此类技术[9]。

另一个降低开发项目对环境影响的方法是对开发项目进行“瘦

身”设计，从而使其可以用更少的建材完成建设，这将大大提升对资源的利用效率。例如，在保持建筑物工程性能的完整性和力学强度的前提下降低建筑物的本身重量，则可以在实现同样的建筑性能的基础上使用更少的资源[10]。进一步来说，如果能够循环使用建筑业内的各类物料，特别是拆迁过程所产生的各种物料，将大大提升建材的重复利用率。事实上，这种方法已经开始被运用到实践之中，例如对具有一定建筑遗产价值的砖块和文化遗存的重新使用等。不过，这种方法仅仅局限在历史文化遗产保护上，其目标是以保护之名实现对历史建筑和城市街区的历史文化特征的维护。同时，此类实践还存在一个问题，那就是其使用的这些抢救性质的材料的成本往往会更高，这是因为在对这些历史文化物料再利用之前，需要专业的修复劳动的投入。

最近，已有人提出了对现有建筑的隐含碳（embodied carbon）的核算分析方法[11]。如上文所言，隐含碳是指在生产和运输某建筑所需建材的过程中消耗的能源所带来的碳排放量。对传统的砖块建材来说，其隐含碳一般会比较高，这是因为砖块的烧制需消耗大量能源以达到极高温度的要求。一旦我们掌握了所有材料的隐含碳，我们就可以在未来设计过程中使用外观类似但具有较低隐含碳的材料。更彻底的做法是，对现有建筑进行重新设计，使得其能够对可得的低碳材料进行充分利用。由于运输是构成隐含碳的一个重要方面，因此在设计过程中，我们应该尽量就地取材以降低拟建项目对环境的影响。

在建筑翻新的过程中，权衡建筑材料的隐含碳的多少，有助于我们决定在具体翻新项目中是否应该对高隐含碳材料进行再利用，是否应该尽量将现成的建筑材料整合到设计方案之中。比如说，在对一个办公大楼进行翻新时，我们可以不将整座办公大楼全部拆除，而是选择保留其混凝土框架（虽然其具有非常高的隐含碳）从而方便工程的开展。对于其他的部分，则可以使用新材料进行重新建设。

在新建项目时，着重降低其能源和碳成本是降低环境影响的一个很好方法，例如可以使用高能效技术和使用低碳能源（电能和热能）。但伴随的一个问题是：采用新技术和新设计的绿色开发项目所增加的全部能源成本和碳成本，是否会超过此类绿色项目建成后所能节约的能源和碳成本。该问题的答案在很大程度上取决于新建成项目的生命周期的长短。总体来说，如果一个建筑的经济生命周期越短，对其进行再开发就会来得越快，相应的能源和碳成本则很有可能高于项目建成后其在运行过程中所能节约的能源和碳成本。反过来说，如果一个建筑通过弹性设计，使得该建筑在其生命周期内可以用于不同的功能，从而延长其有效使用的时间，那么该项建设将会带来更多的能源效益和碳效益。

上述这些方法可以大大降低城市开发对资源、能源的消耗，降低其引起的碳排放。本质上，这些想法是所谓的“因素四（Factor Four）”或“因素十（Factor Ten）”学派（英属哥伦比亚理工学院的一个学派，以生态城市思想为其宗旨）所倡导的思想的典型。该学派认为，上述方法可以在实现经济的大幅增长的同时降低单位产出所消耗的资源，从而使得在保持经济增长的同时降低年资源消耗总量[12]。根据上述逻辑，可以认为城市发展与绿色增长或生态型现代化取得良好融合是完全可能的。

然而，必须认识到，绿色增长是否能实现其所言的美好前景，很大程度上取决于建筑设计、城市设计以及城市建设能够在多大程度上快速完成大规模的转型。作为一种调控手段，规划有可能被用来推进这种转型，但其难点在于对建筑和城市设计采取更加严格的管控很有可能会增加项目的开发成本。在此情况下，较高环境效益的实现将会以放弃部分规划可能获得的效益为代价，从而使得需要依靠规划所得收益才能实现的社会效益出现下降。从增长依赖的角度来看，最坏的情况是在过于严格的环境标准约束下，城市开发项目在开发商看来变得没有实施的可行性，进而使得城市开发完全停滞。如此一来，增长依赖型规划能够实现更加环保绿色的增长的论点将会和环保主义者的观点相驳。如果要使得两者形成一致结论，则需要在环保导向的规划管控下的开发项目依然具有可行性，有时候可能还需要牺牲所涉及社区其他方面的利益。

更重要的是，这种强调降低环境影响的新型城市发展模式，忽略了对城市可持续发展而言大有裨益的三个方面。第一个方面是新开发项目对已建存量的影响有限。例如，新开发项目只占到已建存量的 1%～2%，这一比例在经济增长的地区和处于经济上行时期相对较高，而在经济低迷时期这一比例则相对更低。一个常被引用的数据是，在 2050 年应该保有的住房中，有超过 70%的住房现在已经完成，并且有一些在很久以前就完成了。一份由远见咨询（Foresight）发布的有关能源与建成环境的报告指出，英国的建设库存是相当陈旧的[13]：

> 到 2050 年，英国 65%～70%的住宅存量很有可能在 2000 年之前就已经建好。与住宅相比，非住宅存量在某种程度上相对较为现代。不过，建于 1940 年以前的商业

> 及工业物业占到一半左右，而建于 1990 年之后的只占 9%；就商业物业来说，建于 1940 年以前的占到 1/4，而 1990 年之后建设的仅有 15%。

另外，该报告的脚注还指出："零售物业的陈旧程度更加显著，以楼面面积计算，建于 70 年前的零售物业的数量约有 40%；建于 70 年前的办公楼面面积和工业楼面面积则分别是 30%和 25%左右。"因此，从降低环境影响的角度考虑，在削减新建项目的环境影响下，应该重点考虑通过翻新（retrofit）手段降低现有建成物业对环境的影响，特别是要加强对这些建筑物内的暖气系统和制冷系统的改进，以及减少低效家电的使用，从而提升现有建成物业的能效，降低其碳排放。

从隐含碳的角度进一步考察，现有建设库存的重要性依然非常凸显。现有建设库存显得重要不仅仅是因为其已经存在并且有可能会在未来很长一段时间内存在，而是因为这些库存是一种重要的环境资源。因此，为了保存这些资源以及与之相关的碳量，在城市发展过程中需要优先考虑对建成环境进行翻新和改进，而不应倡导对建成环境的大规模拆除，不应鼓励进行大范围的新开发，不应以界面主义（facadism）为指导进行大规模的翻新（对建筑物前外墙进行保护，但在其背后进行大规模开发）。从这个意义上讲，增长依赖型规划必须受到严肃批评，因为其没有充分认识到加强现成建筑物和城市空间可持续性的重要性。更一般地说，其没有很好的利用已建成的城市建筑和资产中所蕴藏的丰富资源。

最后，虽然对已建成库存的重要性——不管是新建的还是业已存在的——有充分的认识，但其依然没有认识到建筑物和环境影响两者之间的联系纽带——人的行为活动的重要性[14]。我们知道，是人类自己而不是建筑物本身在使用能源、产生垃圾和制造污染。此过程会涉及到一系列的技术和物理要素，但总体来说人的行为是最为重要的。在将建筑物或者其他技术设备等置于停用状态的时候，这些建筑、设备等不会继续对环境造成上述负面影响。因此，规划需要考虑如何使用城市的建成环境，需要尽量引导地方社区的居民、商业以及其他部门活动塑造更利于环境保护的建成环境的使用模式。

要协调环境可持续性与 NPPF[15] 所强调的增长依赖型规划两者之间的关系是有相当难度的。是否能够通过绿色增长的方法来成功解决中央政府政策文件所主导的增长依赖思路和环境可持续性两者之间的矛盾，取决于两点：第一，是否能够有效影响新开发项目的区位布局；其次，是否能够对此类新开发项目做详细的规划设计。

在影响新开发项目的区位布局方面，NPPF 阐述了已经为人熟知的观点[16]：“在可行的前提下，这些新的开发应该布局于那些利于可持续交通模式发展的区域”，也就是说要有利于公共交通、步行和自行车出行模式的发展（p9）。然而，这一规划原则显然与依赖私营部门的投资开发的发展模式存在冲突，当然也不符合依据市场信号进行规划以促进发展的原则。即使我们将“可持续”置于重要地位以利于可持续发展，城市开发过程中潜在的矛盾也许依然不可避免。这是因为，增长依赖型规划表达的信号就是提倡市场导向的开发，反对阻碍这种开发的社会力量，即使这种开发可能会扰乱已经具有相对较高碳效率的整体开发格局。

破解这种“戈尔迪之结（Gordian knot）”的可能路径，就是利用公共土地所有权来影响城市开发的空间区位，并且使用公共投资建设公共交通系统，从而将这些开发地段有效连接起来以降低对小汽车的依赖。遗憾的是，在英国当前的规划体系中，这两个方法都没有得到应有的强化。形成这一局面的原因在于相当多的公共土地所有权被政府以补助形式来引导投资以促进特定地方的发展，相应的可用于公共交通基础设施的资本则非常有限。此外，NPPF 允许地方设定自己的停车标准，这很有可能会不利于促进更加高能效的交通出行模式的发展。

以形成更高能效和更高碳效（energy and carbon efficient）的城市形态为规划目标，NPPF 倾向于鼓励和支持城市中心区的规划和发展。因此，城市中心区的土地利用——很可能包括商务和零售类用地——将会迎来一系列的基于可持续发展的规划尝试。如此一来，在可持续规划开发的优先权限上，城市中心区将高于城市中心边缘区，城市中心边缘区高于其他更远的区域。从这些规划策略上我们可以感觉到 NPPF 在努力促进中心区的经济增长与高能效出行的协同，这是因为将开发活动集中于中心区利于同时实现交通的高能效和中心区的经济增长。

协调增长依赖和环境可持续性的另一条路径，是鼓励利于可持续发展的特定设计并在规划获批前的协商阶段对其进行有效的谈判磋商。不过，这一路径面临的困难是 NPPF，和其他类似的可持续发展设计指导手册一样，列举了太多要求新开发项目应该具有的特征（p6-7，在整个 NPPF 中都是如此要求）。面对如此多的特征要求，权衡不同要求的重要性并决定哪一个或几个必须优先考虑是难以避免的问题。这一过程无法确保大部分的高资源利用效率或者高能源利用效率的特征能够得以实现。

环境可持续性和增长依赖型规划两者之间存在的上述冲突，使得 **NPPF** 所倡导的向低碳经济转型的主张显得相当脆弱（p5）。国家规划大纲建议地方规划当局“鼓励在开发过程中对现有资源的再利用，包括对现有建筑物进行改建以及对可再生资源的利用，例如使用可再生能源”。对这些策略措施，环保主义者很有可能会认为这些措施所能降低的碳排放量，不足以满足应对气候变化的需要。

3 通过增长依赖型规划提升土地价格

追求增长依赖型规划的社会后果，在很大程度上源于这些规划可能引起的土地开发量的提升以及土地价格的上涨。

在增长依赖型规划的环境下，在土地需求相当活跃的地段，通过城市改建和再开发活动，原有的低价土地利用存在被高价格土地利用类型替代的风险。对增长依赖型规划倡导者来说，这种情形是再好不过的：城市政府可以成功说服开发商将其在此类规划开发中所得的部分收益用于提升地方社区品质。当然，此情景需要以失去原有的低廉土地利用为代价，但这正是增长依赖型规划将低价土地市场向高价土地市场转换的能力之所在，而这种转换也正是市场导向的开发模式能够获得利润的核心。

这种低价土地市场的丧失，对地方社区来说也许关系不大，这是因为不是所有的低价土地利用活动对地方社区来说都很重要，例如地方社区可能会欢迎类似的开发以促进本地的经济转型。但同时，有些低价土地利用活动可能正发挥着不可替代的一些功能，因而对部分本地人口的日常生活来说可能显得依然很重要。在此情形下，解决问题的关键就是要保护这些低价土地利用以满足地方社区的需要，从而避免彻底被具有高购买力人群所支持的高价土地利用所取代。当上述处理办法带来的地方利益或后续改变分布不均衡时，一些特殊的问题就可能会产生。

再开发引发的利益分布不均问题，很可能会发生在中小型轻工业企业混杂的地段。一个常见的例子，就是要通过再开发，将布满中小企业的铁路线周边和其地下空间建成办公、高价零售业和高价公寓的混合利用功能区的时候。此类开发可能会产生非常充足的利润，从而有可能给本地社区带来一系列的益处，比如说体育设施的改善和保障性住房的供给。但是，对那些失去了低廉工作空间的小型生意经营者来说，这些益处也许不足以对其构成有效的安慰。简单来说，在此情境下，地方社区的某些领域的受益是以其他领域的损耗为代价的。

后续发展变化的不均可能引起的问题，在旅游区的发展过程中最为明显。随着旅游区的发展，服务于本地居民日常生活的设施，不管是用于购物、居住还是休闲，均存在被旅游业导向的功能取代的风险，例如可能会被酒店、度假小屋、各种工厂店以及各种休闲活动所取代。一个现实的例子就是格拉斯米尔。作为英格兰湖区（Lake District）的一个极度热门的旅游点，此地原来的面包房变成了度假小屋，两个银行分别变成了礼品店和咖啡馆，蔬菜水果店则成了另一个咖啡馆，还有肉铺等等均被改变了用途。本地唯一的日常零售设施，就只剩下库铺（The Coop）和邮局（在一个药店和旅游礼品店内）。这些新的功能的出现，可能会给本地带来新的就业机会，但是其代价就是其他日常生活功能的丧失。为了购买食物和使用健身器材，本地居民因此可能需要更远的出行，而这将给本地居民造成额外的经济和环境成本。另外，旅游住宿租赁市场的繁荣不断推高住房价格，这就给那些需要保障性住房的本地居民带来了相当大的麻烦。

后续变化发展带来新问题的另一个例子是目前中央政府极力鼓励的一项政策：将办公空间改换成居住用地（见第二章和第八章）。在办公空间处于非短暂性空置的状态下，将其改成居住空间有助于充分利用建成环境的资源条件来解决一些社会需求问题，特别是解决低收入人群对住房的需求问题。然而，改变现有建筑功能以为他用的措施同时也会使得现有的中小企业的办公空间被挤压甚至排挤出去，其相应的空间将变成被高收入者占据的居住空间。目前，中央政府正在城市中心区主推这一转换政策。这引起了许多忧虑，因为许多中小企业的办公空间就位于城市中心区的商业小店的楼上，在空间转换的政策影响下，这些区位将形成令人向往的居住空间。

在上述案例中，大家关注的一个核心问题就是这种置换所带来的收益是否能够大于其成本，并且到底谁会因此受益而谁又会因此亏损。这一问题的存在，也是上述实践面临困境的原因之所在。然而，要对这些收益、成本以及得失人群进行准确判断是很困难的。特别是在渐进式置换项目中，这种困难则更大。

通常情况下，项目开发会给所置换的土地，即使是低价的土地，提供补偿。如此一来，问题就变成了补偿的价值量是否充分，到底谁将获得这些补偿。一般来说，土地所有者将会获得这些补偿。在上述中小企业办公空间被置换的例子中，中小企业很可能都是租户，因此其将得不到补偿。这些企业只有另谋出路，寻找新的办公空间，但要在正经历不断重建的环境下找到合适的办公空间，将会越发困难。即使这些中小企业本身就是土地所有者，其能够得到丧失住房和办公空间所应得的补偿，要想在这些更新改建地段寻找新的办公居住空间，也会面临种种困难。这是因为，受周边新开发项目的影响，这些地段的地价正在不断上涨，且这一趋势在增长依赖型规划的驱动下变得日益严峻。

由于增长依赖型规划的目标就是要提升开发项目的市场价格，因此这些开发与绅士化形成了同时并进的关系[17]。绅士化一词的提出，是用于描述某一地区因再开发或渐进式整修而引起的该地区社会构成变化的过程。在最初，绅士化特指中产阶级或者小型开发商购买郊区的和传统上认为是过渡区的陈旧住房，为了自己居住或者再次出售而对这些住房进行翻新整修的现象。随着这个过程的逐步发展和范围的扩大，这些地区原有的低收入阶层被中产阶级所取代,同时原有的低价格住房相应地也被高价格的住房所取代。

目前关于绅士化的理解，一般是指城镇的某一区域以满足高收入群体为导向进行的开发建设活动，其基本形式包括购物空间的高级化、传统的就业机会被服务业所取代、低价的房地产被高价房地产取代等。从这些现象可以看到，绅士化的内在逻辑理性正是增长依赖型规划所强调的。因此，在增长依赖型规划的背景下，绅士化必然会顺利实现其目的，因为此过程既可以提升房价，又可以吸引中产阶级，供给与需求之间形成了良好的匹配关系。从第三章介绍的大象城堡地区（Elephant & Castle）的案例可以清楚看到这种开发理性：将本地的房地产价格转换到一个全新的水平类型。

我们知道，增长依赖型规划主张将一部分开发收益用于提升地方社区的利益，这将有助于防止某一地区的彻底绅士化。不过，这还是需要看这些收益是如何使用的，是地方社区的哪些部门获得了这些利益。如上文已经提到，这些收益可以用于改善本地的总体服务设施，例如本地居民人人都可以享用的学校和医院等。此外，虽然中央政府有条款规定收益的分配必须既要满足社区的发展需要也要具有规划的理性[18]，但这些收益依然可以根据需要将其用来帮助有特殊需要的人群。而如果这些收益用于改善本地的公共环境和景观，那么这将有助于提升处于这些新景观周边的房地产的价格。在此情况下，这种社区的利益提升对不同利益群体来说就存在差别，因此其反而可能会促进本地区的绅士化。

对增长依赖型规划来说，在本质上其会将房地产价格的上涨当作一种积极信号来看待。当然，对一个实施增长依赖型规划的地区来说，其能够获得最大的成功就是所有地方上的居民在新开发后都不希望再有更新的开发活动的发生。从这个意义上说，是否能达到被广泛嘲讽的邻避主义（NIMBYism）所主张的平衡状态则可以用来作为考察新开发是否成功的标志。类似的，如果一个地区能够利用特定的环境保护机制来使得该地区不会面临新的拆迁重建，则可以认为此状态是成功的城市翻新改造项目所能达到的最好水平。

一般来说，大规模开发和小规模开发对地方的影响是不同的：小规模的开发以渐进式增长为基本特征，而大规模的开发则有可能引起被开发地区较大规模的社会和经济转型。通常情况下，小规模开发对所开发地段的地价的影响幅度是相对有限的，其所能获得的利润往往来源于对现有建筑的功能的改变，例如把车库变成居住用房，把小商店变成小的办公空间等。当然，小规模开发也可以根据地方的市场价格的走向，调整开发进程，选择价格相对较高的时段推出产品，从而获得更多利润。因此，此类开发在改变地方土地利用空间的同时会持续的推进该地方的房地产价格。不过，当这种新空间供给过剩时，此类小规模的开发就会停止。

因此，在市场需求较好、土地供给充分且能够获得规划许可的地段，办公楼、商铺和工业生产空间等才会蓬勃发展。但是，如果开发项目的价值在扣除土地成本和建设成本后所能带来的利润只能达到开发商的最低利润期待，那么要通过增长依赖型规划为地方社区带来实效利益几乎是没有可能的。在此情况下，规划所能带来的收益是非常有限的，开发商因此会尽量将这些潜在收益计入开发成本之中，从而压低开发商需要支付给土地所有者的补偿额度。目前，这一办法已经成为日常开发项目的一个标准处理手段，其目标就是保证开发商能够得到经济学中所谓的“正常利润（normalprofit）”。在此过程中，规划的角色就是确保新开发项目在特征、设计和功能上能够与地方社区实现高度的匹配和融合。

上述这种小尺度的开发对所在地区的影响一般较小，通常仅限于保持这些地段的微小发展变化的顺利推进。然而，与此不同，更大尺度的开发有可能对某一地区造成巨大改变，例如将其土地市场从低价位彻底转换为高价位。例如，城镇中心被彻底转型，码头地区被转换成休闲的热点地段，新的办公总部涌现，新的居住区带来新的商业和商务人口的集聚等。如此一来，开发本身将给本地带来一场价格飞升的狂潮。对开发商来说，这种大尺度的开发是一个绝好的经济机会，因为通过这类开发项目，其可以得到充足的资本来运作如此大规模的开发，最大限度的提升本地的房地产市场价格，进而实现更大的利润空间。这和小尺度的开发是完全不同的概念，因为小尺度开发只能在现有的房地产价格基础上实现小幅度提升，因此其能够得到的利润也是相当有限的。

需要指出的是，无论是在大尺度还是在小尺度上，上述发展策略能够有效实施的前提条件是对这些开发项目要有充分的需求市场。因此，为了创造这种需求，大型开发项目往往会努力吸引新的房地产（包括商业房地产和居住房地产）消费者进入这些开发地段。而小型开发的需求市场，则主要来源于本地已有的人群的需求。然而，如果这种需求——无论是现实的还是潜在的——不能够得到满足，开发项目则无利可图，其结果就是面临失败。在经历多轮失败后，此类开发活动将会逐步消退。如果某一地区的开发活动远超过市场需求（不管是此地的原有需求还是吸引进来的新需求），那么此地的房地产价格将发生停滞甚至下降，并且新的开发也将受到抑制。更糟糕的情况是，开发项目建设到一半的时候被迫停工，进而造成开发场地的弃置。

对面临重建或改造的社区来说，上文所述的复杂动态变化过程对其具有重要的启示意义。

4 对地方社区的启示

通过上述讨论，可以看到增长依赖型规划并不是在所有情况下都不能奏效。在有些情况下，开发项目主要以填空补白的形式或者小尺度的开发形式呈现，对项目所在地区主要是做一些边缘性修补和改善，在可能的情况下还会推进本地房地产市场价格的缓慢上涨。对地方产权所有者来说，这将为其带来一定的收益而不会造成本地基础设施负担过重的问题。在此情况下，通过开发收费制度或者协商的个别人群的缴费制度，可以获得少量的规划收益。

小规模开发项目的重复演进，最后可能会大大提升本地的房地产市场价格，这将会给那些首次进入房产市场的低收入人群带来新的问题，同时也可能推进本地对新投资的需求的增加，从而改善本地的诸如中小学等基础服务设施。上述这些忧虑是否会成为真正的问题，取决于这种累积改变的规模大小、基础设施供给机构的应对能力以及保障性住房在新开发中能够得到供给的力度。

大规模的城市开发，在某些情境下，特别是在首次开发的场地或者空置的棕地开发案例中，可能更具其特有的优势。此类开发对场地转型的促进和对这些地段土地价格提升的潜力是不可估量的，这是因为与开发项目彻底完工后相比，原用于纯粹农业或工业生产的土地的价值往往要低得多。这种开发逻辑唯一可能出现问题的情况是在大规模开发过程中遭遇污染的工业用地，将需要开发商投入大量的成本用于土地修复。对于此种情况，则需要公共资金的投入以降低修复这种棕地过程中开发商需要支出的费用，从而使得类似土地有被再开发的可行性，从而释放出更多的可供大规模更新的城市土地。

在大规模城市更新工程中，如果其中的某些再开发项目或者小尺度开发项目在置换本地某些地块的用地类型时，影响到了为此地段的成熟社区提供基本服务的活动的顺利开展，那么就会给这种更新的推进带来困难。

在此情景下，增长依赖型规划通过置换具有不同价格的用地类型作为其再开发和获得规划收益的经济逻辑基础。相应的，此置换过程往往会引起本地居民住房的丧失以及为本地提供就业和服务设施的工商业活动的消亡。因此，通常情况下增长依赖型规划主导的发展模式就是置换发展（replacement development）模式，其对住房、工作空间和其他不动产被置换的人群来说具有最直接的影响。对这些人群所承担的损失，可能有一定的经济补偿，但由于开发商的实际目的就是要取得尽量多的利润，因此这种补偿从根本上来说是不可能反映出开发的全部真正价值的。如果开发后的土地价值不能高于原始未开发状态的价值，开发商就会因为无利可图而放弃此类开发建设。

在增长依赖型规划看来，这种土地价格的升高是一种成功的信号。然而，即使开发项目不会直接造成本地居民丢失工作和丧失家园，但这种价格的升高依然可能对本地居民造成不利影响。这是因为，由这些开发而引起的城市增长、土地需求增加、投资的渗透以及房产、地产价格的上涨，都会大幅增加本地居民的生活成本。受成功案例的刺激和获取更高利润的驱使，这些成功项目周边的土地也很可能会被能够支付更高租金的经济活动所代替。例如，一般商铺可能会变得更加高档，住房价格可能会上涨，低价的工业用地可能会成为嵌入式开发的首选目标。这种低价用地类型被高价用地类型取代的过程，不可避免地会改变其所涉及社区的多个方面。例如，受到高价房地产和高级服务的吸引，高收入人群会被不断吸引到此地消费居住。因此，土地利用类型的转换，在某种程度上，将造成此地人口构成的转换。

需要指出的是，上述讨论分析的逻辑成立的一个重要背景是社会不公平的普遍存在。衡量不公平的最常用的指标是基尼系数。其基本算法是：将所有家庭收入按高低顺序分成多个组，然后分别计算每个组的家庭数量的分布情况，最后测算该分布曲线与完全公平状态下的分布曲线之间的差距。如果基尼系数等于 1，则表示完全公平，而当基尼系数越大时，则表示不公平性越高。2006/07 年的基尼系数是 34.5%，表明社会不公平较为严重；在 1977 年则相对较低，为 26.7%。图 5.1 描述了自 1970 年代以来的英国基尼系数的变化情况。可以看到，1978 到 1981 年基尼系数发生了轻微下降，随后三年基本保持平稳；而从 1984 到 1990 年，基尼系数又发生了大幅上升；从 1990 到 1995/96，其则再次回落，直到 2001/02 年才有轻微上涨，随后的两年则再次出现下降。

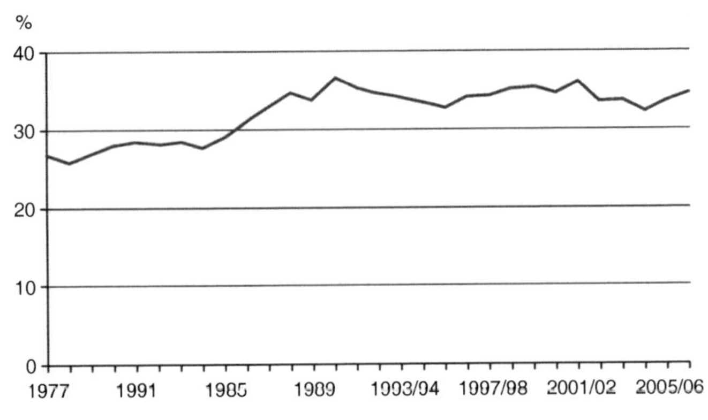

图 5.1 收入不平等性：基尼系数的变化

资料来源：www.ons.gov.uk/ons/taxonomy/index.html? nscl=Income+Inequality+of+Households

用基尼系数来测度不公平性的一个问题是其只能判断整个社会的总体不公平状态，无法区分相对贫困人口的贫困程度和相对富裕人口的富裕程度，当然也无法描述当社会不公平性下降时，到底哪个群体受益最多。图 5.2 描述了不同社会群体所占的可支配收入的百分比。从图中可以看出，10%的最富有人口占据了 27%的可支配收入；而最贫穷的10%人口却仅占据3%的可支配收入。换个尺度来看，20%的最富有的人口占据42%的可支配收入而20%的最贫困人口则仅仅占据8%的可支配收入。而政府政策最需要接受批评的是，在过去的几十年里，富人和穷人的不平等状况是加剧了而不是减轻了。从1977年到2006/07年，最穷的10%人口占据的可支配收入从4%下降到了3%；而最富有的10%人口所拥有的可支配收入则增加了5个百分点，从22%上升到了27%。在这样的背景下，低收入人口生活工作所依赖的不同用地类型和财产的丧失，是不应该忽视的一个问题。

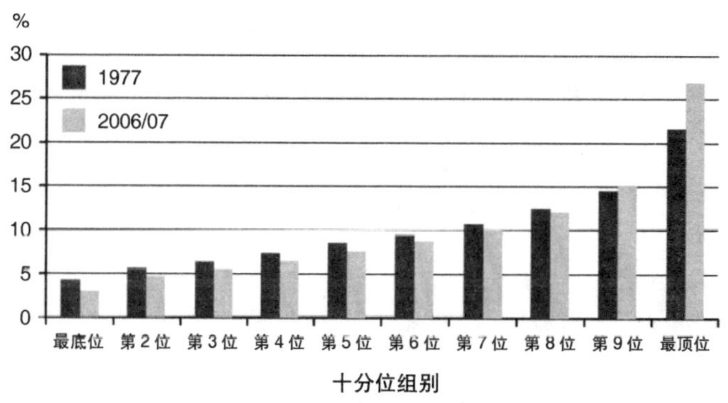

图 5.2　收入不平等性：不同人群的收入占比

资料来源：www.ons.gov.uk/ons/taxonomy/index.html? nscl=Income+Inequality+of+Households

这种收入不平等现象的空间分布格局也表现出了显著特点。从图5.3中可以看出，伦敦、英国东部和东南部地区的家庭平均可支配收入要高于全国的平均水平。这种收入在空间上的分布特点和第四章所讨论的经济增长在空间上的分布特点具有高度的一致性。然而，即使在增长较为繁荣的区域，基本生活生产权利被剥夺的

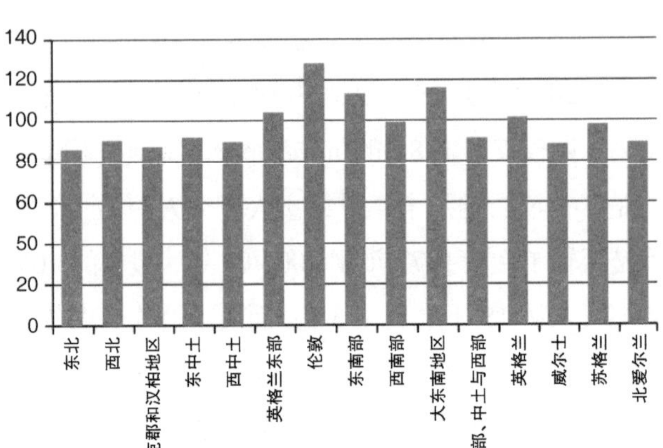

图 5.3　2009 年区域收入不平等：家庭可支配收入（英镑/人，以当前价格计）

资料来源：ONS，Regional Trends，Table A（4）（ii）

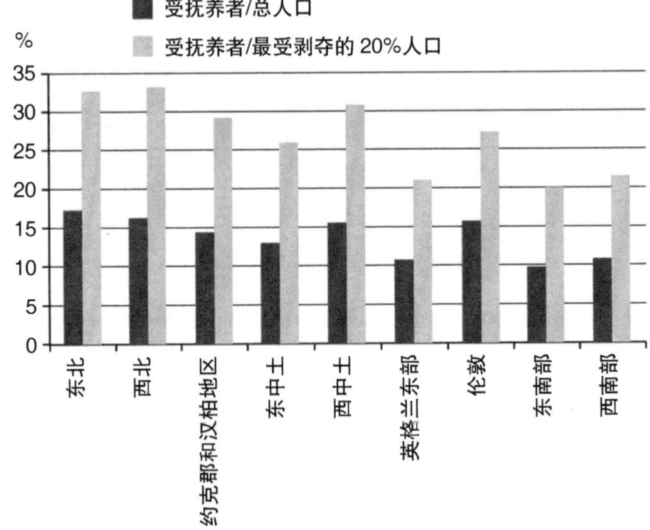

图 5.4　2009 年依赖社会福利的家庭的人口的百分比

资料来源：Source：ONS，Regional Trends，Table I（2）

人群依然存在。如图 5.4 所示，主要靠社会救济的人口比例在不同地区的分布情况和上述的不公平的分布情况大体上相当（图 5.4）。伦敦虽然在国家层面上具有经济优势，但是其内部也存在基本生产生活权利被剥夺的人群。此外，如果从更小尺度上考察，这种不公平性依然明显。根据结束小孩贫穷运动组织（End Child Poverty campaign）的估计，生活在家庭收入不到中等水平的 60%的家庭里的小孩的数量达到了 20%；而从全国来看，在所有的城镇街区中，有 69%的街区的贫困小孩的人口超过了一半[19]。

根据上述数据，我们可以认为英国是一个社会相当不公平的国家。即使和欧洲其他国家相比，依然会得到这个结论。正如经济学人杂志（The Economist）研究所得的发现[20]：

> 英国存在最为普遍的贫富差距问题，例如在伦敦中心区，其人均 GDP 是威尔士部分地区的 9 倍之多；不过由于有许多人在伦敦工作但住在其他地区，这一定程度上拉大了其人均 GDP 的水平。但即使我们将此部分影响扣除，依然不能改变英国在广大区域普遍存在的社会贫富差距巨大的事实。

在第四章中，我们简单介绍了英国当前福利制度的改革以及地方金融制度的改革。这些改革很有可能将进一步加剧上文所述的社会不公平性和空间的非均衡性。这些为增长依赖型规划可能带来的影响设定了特点的思考背景。

有许多研究已经表明，要通过增长依赖型的发展战略为地方所有领域都带来切实有效的收益是不太可能，很多时候这种努力可能还会适得其反[21]。例如，以谢菲尔德为例，巴克纳（Buckner）和埃斯科特（Escott）考察了零售业的项目开发能够给本地居民带来多少可以参与其中的工作机会，结果发现许多本地居民在就业市场上变得更加边缘化了（p157）。再比如，罗夫曼（Loftman）和内文（Nevin）通过回顾分析城市更新中样板工程（prestige project）使用后所能达到的效果，得到的结论是（p300）："从最好的角度来说，此策略是从单一维度去应对城市各种问题的一个有失偏颇的方法；而从最差的角度来说，此策略是加剧英国各个城市社会极化的一个有效工具。"通过对关于绅士化的英文文献的系统评论分析，阿特金森（Atkinson）指出开发项目所带来的住房置换和社区冲突在很大程度上都是有害无益的（p107）。其还进一步指出规划政策文件上所描述的积极影响与社区最终遭受的实际影响两者之间存在很大的差距："以社会包容性复兴为目标的开发往往被悄悄抛弃，取而代之的是借助绅士化和拆迁置换来实现本地的兴旺繁荣。"（p107）

以增长依赖型规划为工具来解决社会和空间的非公平性往往遭遇失败，其原因是地方投资所能带来的效应是多维度多尺度的，并且这种效应在不同区域之间存在较大差异。在某些情况下，这种投资给本地居民带来的额外收入，没有离开本地而是在本地的不同家庭和不同的行业之间流通，这就进一步加大了本地投资能力和消费能力。如此反复，则能够很好地促进本地的发展。然而，在另外的一些情况下，这种投资所带来的第一轮额外收入没有留在本地，而是流入了其他地方，这就使得这些投资在本地的乘数效应大大降低。有人指出，零售业类开发投资项目如果最后吸引来的都是连锁店、工厂店和国家/国际大品牌的分公司，那么其最终会导致本地资本的快速外流。

对在某一地方的投资的乘数效应及其资金流出本地的情况，新经济基金会（New Economics Foundation）做了一项特别的研究[22]。例如，在诺森伯兰郡的研究中，他们发现本地的经济供给部门所得的收入中，有76%仍然留在了本地，而外来的经济供给部门的收入，只有36%留在了本地。在研究过程中，新经济基金会提出了一个所谓的LM3的方法，用来测算投资或者政府支出在多大程度上将在本地流通/再流通，而又有多少百分比的资金会流出本地。可惜的是，目前所流行的增长依赖型规划并没有详细区分一项开发到底有多少金融资本会留在本地。

将各种项目的环境影响当作一种外部因素来对待，是产生并强化社会和空间非均衡性的另一个重要动因。在这里，环境外部因素是指引起产品和服务的需求（某些时候可能也会是供给）发生变化但没有被市场价格充分反映的各种要素的集合，也就是说这种变动的代价没有得到市场定价[23]。在有些时候，这种环境外部因素会通过土地价格或者不动产价格得到部分反映，但是到底能反映多少则取决于这种外部因素对购买者来说的明显程度，特别是与建筑物其他的特点相比的明显性。当然，这种外部因素既包括正面外部因素也包括负面外部因素。比如对高品质景观的可达性和可见性则属于正面外部因素，而诸如接近不同种类的污染源则属于负面外部因素。

在上述环境外部因素的产生和发展过程中，不同群体的城市土地利用空间分布显示出了明显的环境不公平性趋势[24]。也就是说，低收入群体显示出了聚集在遭遇负面外部因素地区的趋势，而高收入群体则表现出了集中分布在享有正面外部因素地区的趋势。

当然，现实案例中的结果可能会与这种一般性结论有微小出入（在第六章有更详细的讨论），不过这些现实案例也的确表明市场机制会造成这种不公平性，并且当这种不公平一旦建立，其还会强化这种不公平性。对富裕的家庭来说，其有能力在优良环境要素较多而不良环境要素较少的区位上购买房地产；对低收入家庭来说，其基本上没有这样的选择余地。

对于这种空间分布上的环境不公平性，增长依赖型规划是无法予以改善的，这是因为其运行主要是依靠市场机制和信号来推进城市变化发展的。相反，增长依赖型规划将有助于高收入群体购买具有高环境品质的房地产，从而远离负面的环境因素。当然，许多政策规定也会加强市场机制并促进这种不公平性的发生。例如，有可能低收入社区就建设在曾经用于垃圾倾倒场所的附近，而现有政策规定和市场机制则倾向于强化这一现实。在实践过程中，政策规定倾向于将具有负面外部效应的开发项目安排在已经处于环境品质不断下滑的地区；对高收入群体来说，政策规定往往给予这些群体更多的选择空间，让他们有机会避开离垃圾场较近的地区，有机会选择在具有良好正面外部性的社区周边购房或者居住[25]。

因此，即使增长依赖型规划能够成功为本地吸引来投资，并且本地社区也不会被置换（这种假设本身也是值得商榷的），我们也有理由相信这还是无法保证本地的投资能够给本地带来预期的益处，还是无法保证这些益处在每个人之间都能得到公平分配，更不用谈在一个非常不平等的社会里我们能大大改善低收入群体的生活环境和状态。

第六章
改革规划议程

前几章概述了增长依赖型规划这种范式，解释了它是如何融入到英国规划体系之中的，并且探索了其内含的经济模型假设，同时也对追求这种规划范式所依据的基本经济假设和可能带来的社会、环境影响作出了批判。本章及后续章节对上述这些分析作了回应，并提出了另一种可以与增长依赖型规划并行的新规划方法。不过，这需要对现有规划体系内含的相关要素进行平衡和调整。

简单来说，其观点是：在某些特殊情境下，如果地方经济状况允许，并且积极推进的规划能够得到有效的管控，规划收益能够通过谈判很好地得到解决，而规划又能够得到地方社区的支持，那么增长依赖型规划就有可能依然是最适宜被采用的规划范式。但是考虑到许多其他情况，采取一些其他的规划途径也是需要的。如果不能对上述这些问题有很好的认识，那么缺乏管控的市场导向的开发就可能会带来巨大的社会和环境危害。或者，会和常常发生的情况一样，地方规划将会发现在面对开发项目的市场需求匮乏时，规划本身会显得很无力。

本章首先对经济学家提出的采取社会进步而非经济增长作为发展标准做出评论。在此过程中，指出了解决建成环境中的不公平问题，并将这些考虑融入到环境可持续发展议程中的重要性，由此提出了公正可持续发展（just sustainability）的概念。接着，本章简要阐述一个新的规划实践议程，它为后续三章关于不同规划路径的讨论提供了新的框架。将所有的这些导论进行综合，就形成了本书最后一章节所阐述的有关规划体系改革的建议。

1　从增长到幸福

目前已经有很多研究意识到将追求经济增长作为主要社会目标以及将 GDP 作为社会政治成功的主要标准是存在问题的。在支持这种不同的思想的主要学者中，提姆·杰克逊（Tim Jackson）和理查德·利亚德（Richard Layard）最为突出。

杰克逊在《没有增长的繁荣（Prosperity without growth）》一书中，对我们生活的自然界所能承载的经济活动规模的生态极限做了详细分析，特别强调了资源稀缺、气候变化问题，同时也深刻认识到了目前我们所面临的森林滥伐问题、生物多样性丧失问题、土壤退化问题、滥捕造成鱼类资源崩溃问题、水资源短缺问题、污染毒害问题等[1]。尽管他指出“质疑增长是疯子、理想主义者和革命者的行为”（p14），但他还是坚持指出：

（虽然如此），但我们还是必须要质疑增长。在一个经济学家看来，没有增长的经济理念可能是一种诅咒。但是对于生态学家，持续的经济增长的理念同样是一种诅咒。从物理学的角度讲，没有一个有限系统的子系统可以无限制地增长。经济学家们必须能够回答持续增长的经济体系如何同有限的生态系统相适应这个问题。（p14）

面对这些问题，他给出了消极的观点，认为去耦合影响（decoupling）——去耦合影响指分离促进增长的经济活动对环境的影响——在目前来看还是非常受限的，并且要达到不超过生态极限所需要实现的去耦合影响的规模，基本上是没有任何前景的。大多数政策措施都强调实现相对的去耦合影响，在此过程中，会降低单位 GDP 对环境的影响。但是，如果 GDP 继续上涨，这将仍会给环境带来巨大负担。杰克逊认为从绝对的角度来说，环境负担下降是要求完全的去耦合影响，而传统的 GDP 驱动的增长模式无法实现这一点。

正如第五章所讨论的，绿色增长的理念具有很大的吸引力，被认为是可以创造新的经济类型的一种路径。但是杰克逊批判了根植于这一途径中的凯恩斯主义逻辑。该逻辑是消费增长、信贷驱动创新和生产力发展，进而实现经济增长。“我们需要一种保证经济稳定性和保持就业率的不同途径（p119）”。因此，他举了一个来自加拿大的正面案例。通过研究，他指出通过操纵增长引擎来降低经济增长率（在这个案例中，从每年 1.8%降低至每年少于

0.1%）是有可能的，并且在此过程中，还实现了用稳定的方式使失业和贫困均减少了一半（p135）。在杰克逊的模型研究中，GDP的负债率减少了75%，而温室气体也降低20%。

促成这种转变的主要因素是：工作时间的减少、每周工作日数的减少以便在整个人群中更平均地分享工作机会。除此以外，还包括如下因素：

·减少对提高劳动生产率的关注，转而关注缺少工作经验的领域，并且保证人们能够得到有意义的工作机会。

·在整个经济系统的尺度上，从消费转换到投资。

·关注资源产出、新型能源、清洁科技、绿色商务、气候适应以及生态系统提升等方面的创新。

杰克逊指出（p130），“这种经济发展模式的种子可能已经存在于地方或者社区内的社会企业：社区能源项目，地方农户的市场，慢食合作组织，运动俱乐部，图书馆，社区健康中心，地方维修保养服务行业，手工作坊，书法中心，水上运动，社区音乐和戏剧，地方技能培训等。当然，甚至可能包括瑜伽（或者武术或者冥想），美容和园艺”。他指的是“一种被忽视但早已存在于消费社会边缘的灰姑娘经济（Cinderella economy）（p131）”。

利亚德的研究思路稍有不同，他主要关注幸福感这一概念。他希望找到实现更多社会幸福感的途径。从某种程度来看，不断增长的收入并不一定能使人更幸福，这是一个认知的问题。利亚德通过整理各个国家的数据，证明幸福感和个人收入的增长之间没有必然关系[2]。世界观察研究所（Worldwatch Institute）的研究也进一步论证了这一结论：他们在分析跨国数据后发现，在人均收入达到 15 000 美元的水平以后，经济的增长甚至是国家整体收入发生大幅度增长时，相应的生活的满意度也几乎没有增长[3]。利亚德认为，贫困使人们不幸福是因为他们身边更富有的同胞，但是当他们变得富有只能让他们短暂地觉得快乐；而这种快乐很快就会褪去[4]。

重新审视经济增长作为一个动态的目标的价值，也意味重新审视以社会目标为导向的成功如何给予衡量的问题。现今，各种大众媒体和政府每天都提醒我们经济增长是必须的，并且描述这种增长最好的指标就是 GDP。和 GDP 相对应的另一个概念 GNP，即国民生产总值要稍微宽泛一些。在当今社会，关于 GDP 数据的报告几乎是神圣不可侵犯的。新的年度或者季度的 GDP 数据的公布通常都是作为一个特殊的新闻项目，经常插入其他节目中（在写这部分时，第 5 广播台 5（Radio 5）正打算打断安迪·穆雷的澳网半决赛直播，插播"带给你最新的 GDP 数据"）。

但是，将 GDP 作为一种经济衡量手段的肇始者对于 GDP 的普世价值并不确定。在 1962 年，西蒙·库兹涅茨曾警告道："一个国家的幸福完全不可能用国家收入衡量来推测。"[5]对 GNP 到底能够衡量什么的问题的一个更加著名的控诉，恐怕是来自于 1968 年 3 月参议员罗伯特·肯尼迪的演讲[6]：

> "在持续的经济增长中，在世俗财富无限累积的过程里，我们既找不到国家的目标，也找不到个人的满足感。我们既不能通过道琼斯指数来衡量一个国家的精神，当然国民生产总值也不能做到这一点……简而言之，GNP

可以衡量一切东西，但是不能衡量那些让生活变得有意义的事情……”

这些针对 GDP 和 GNP 的批判主要分为两类：它可以衡量的东西是什么和它有哪些东西是无法衡量的。

GDP 用于衡量市场系统内部的所有生产、消费，特别是用于交换的产品和服务的总和。因此，它包含了一系列的经济活动，这些经济活动通常和那些不太受到社会欢迎的事物相关联，比如污染、犯罪和吸毒。特别地，如果 GDP 增长带来用于金钱交易的产品和服务，那么资源枯竭和相关的环境退化就是这种增长的代价，更甚的是对这种负面的不利环境影响，并没有做相应的降低。

GDP 不能衡量不参与交易的事物，即使这些事物可能对于社会运转，可继续的经济活动是必要的，甚至更远一点，这些事物还可能有助于我们的幸福。家庭服务和幼儿照顾就是这种事物的最好例子。保育员或者托儿所提供的幼儿照顾是计入 GDP 的，但是由父母或者家庭成员提供照顾的则不计入 GDP。这里不是争论如何培育孩子的发展，重点是 GDP 仅基于经济交易，对不同活动进行简单的区别。但是还有许多没有经济交易却有益于人们的功能和幸福的活动，包括很多社会活动，例如参加宗教服务、作为唱诗班的一员或者照顾一处私人园地。所有的这些都没有被计入 GDP 中。

目前有许多倡议试图提供一个新的计量指标来挑战 GDP 的主导地位。大多数倡议都是针对国家层面而言的，其试图影响中央政府的政策。围绕这个议题的讨论，有可能能够给如何界定一个成功的地方层面上的规划提供不同的视角。

一个典型例子，就是综合考虑资源枯竭和环境恶化要素而提出的真实进步指数（Genuine Progress Index），它建立在 26 个社会、经济和环境变量之上[7]。与此相同的另一个例子，就是试图用每年节约的经济活动所用的资源来衡量经济财富，被称为真实节约量（genuine savings）或者校正净节约量（adjusted net savings）[8]。新经济基金会（New Economics Foundation）对国家幸福指数统计（National Accounts of Wellbeing）的数据和快乐星球指数（Happy Planet Index）的分析，也是这些方面的一些典型例子[9]。有些国家，例如挪威，在使用 GDP 的同时还使用绿色国家收入账单（Green National Income Accounts）来考虑环境问题[10]。

和这些幸福感议题一样，还有一些群体和机构试图努力创造一种更能反映社会幸福的指标。理查德·利亚德的理论，明显影响了当前联合政府对衡量国家幸福指数的制定[11]。国家幸福指数集（The National Well-being Indicator Set）目前涵盖了三个领域，如盒子 6.1 所示：

盒子 6.1：英国国家幸福指数集

· 个人幸福

· 直接影响个人幸福的因素

—我们的人际关系

—健康

—我们做什么

—我们住在哪里

—个人财富

—教育和技能

· 其他相关的领域

—政府管治

—经济

—自然环境

2012 年 7 月，国家统计办公室（Office for National Statistics）官方第一次发布了幸福指数。该数据不仅识别出了最幸福的地方（奥克尼（Orkney）和设得兰群岛（Shetland）、拉特兰（Rutland）、安格尔西岛（Anglesey）、威尔特郡（Wiltshire）和西伯克郡（West Berkshire）），也揭示了最不具幸福感的地方（北埃尔郡（North Ayrshire），格温特郡（Blaenau Gwent），斯旺西（Swansea），达勒姆郡（County Durham）和黑池市（Blackpool））。根据这些数据，可以很明显看到居住在建成区和之前是工业区的人，通常要比居住在乡下地区的人感到更不幸福。但是，和预期的一样，良好的健康状况，和谐的人际关系和一定的财富保障也能使人们感到更加幸福。

上述研究给出的启示是：相较于以促进地区经济活动和市场引导的开发为目标的规划，寻求改善幸福感的规划可能是一个更好的规划实践依据。当然，规划师和政治家可能会声称提升幸福感正是当前规划的目标。然而，要想通过增长依赖型规划来实现这种幸福感的政策模式，显然是很难达到这一目标的。总体来说，所有这些声明仅仅只是纯粹的华章丽句而已。

2 幸福，解决不平等和可持续发展问题

国家内的不平等对于国家幸福感有不利影响是公认的。关于这方面的原因甚至数据都没有得到结论性的理解，但可以假设的是，幸福感是和我们如何根据别人来看待自己的处境相关的。更大的财富和收入差距，更让我们觉得处境要比其他人低。此外，不平等是和很多社会问题相关的，并且这些通常对于社会大众有消极的影响，例如犯罪和疾病。威尔金森（Wilkinson）和皮克特（Pickett）的研究显示，主观感知的幸福感，采取一些客观指数进行衡量，其幸福感指数值会随着平等的增加而得到提升[12]。这表明，解决在第五章论证的社会不平等问题，对整个英国来说意义重大。

迈克尔·摩尔特（Michael Marmot）主持的一项研究，对健康、幸福和不平等之间的关系做了特别的探索[13]。他考察了国际和国家范围内的社会经济地位和健康之间的联系，得出了“社会经济地位是健康的决定性因素”的结论。在英国《公平的社会，健康的生活（Fair society，healthy lives）》的报道中，据估计每年由于健康不平等导致过早死亡的有 130 万～250 万[14]。大量的证据已论证了“社会经济地位高的人群更容易得到生活改善，拥有更多的过上舒适生活的机会。他们同时也有更好的健康状况（p3）”。

在邻里尺度进行调查的数据研究显示，一个人从最贫困状况进入到最不贫困的状况，其平均预期寿命和无伤残预期寿命将增加。从平均水平来看，居住在最贫困地区的人比住在最富有地区

的人要早死 7 年（p10），无伤残预期寿命的平均差别达 17 年（指一个人在没有健康问题的前提下能活的年数，这里的健康问题指影响个体日常活动的身体问题）。这种巨大差距，不仅仅是由于将社会地位差别较大的两个群体对比的结果；即使将最贫困的和最富有的 5%的人口除开，仍然存在平均预期寿命相差 6 年，无伤残预期寿命相差 13 年这样的一个结果。在 2012 年 2 月完成的两年更新一次的数据，描述了 150 个高层次的地方当局（upper-tier local authorities）在联合政府的改革要求下所负责的公共卫生的改善状况。将 2008—2010 年的数据和 2007—2009 年的数据相比，发现尽管大多数地区的预期寿命增加了，但不平等也随之增加了。

尽管英国摩尔特评论（UK Marmot Review）认为降低健康不平等能够带来更高的劳动生产力（310 亿～330 亿英镑每年）、更多的税收，同时还可以降低福利支出（200 亿～320 亿英镑每年）和减少医疗费用（每年超过 55 亿英镑）支出等。但他们也非常确定地指出，“经济增长并不是衡量我们国家取得成功的最重要的手段。公平分配的健康、幸福和可持续发展才是重要的社会目标（p9）”。

关于环境正义的文章表达了相似的看法。环境正义起源于研究不受欢迎的土地利用的空间共置问题（spatial co-location），这些不受欢迎的土地利用包括如垃圾堆场，美国的弱势群体社区，尤其是有色社区等。因此，考虑到更大的环境影响领域和弱势群体社区，环境正义运动扩大了其所涉及的范围。对于环境正义，这一运动不仅关注好的环境影响和坏的环境影响的分布问题，也考虑这类社区参与决策的过程，以及对这类社区的特殊的身份和价值的认知。然而，对规划领域来说，让人担忧的正是分布方面的问题。

沃克（Walker）在他的一篇关于环境正义的文章中做了很精彩的总结，这给在英国体制下各种环境外部性的分布情况提供了一个实用的指引[15]。他的述评解开了仅从统计上论证各种环境不公之间的简单关系的难题，例如仅仅关注社区和不受欢迎设施的空间共置关系，或者因环境变化带来的健康影响的分布情况等。沃克的研究贡献可以总结如下：

· 垃圾堆场：这种地方看起来通常会和低收入社区并置，通常也配备回收设施和垃圾焚烧发电厂。但是，因为许多垃圾填埋场处于更靠近乡村的位置，因此它们通常也更加靠近相对有较高收入的社区。

· 空气质量：研究发现空气质量和收入水平通常呈现一个 U 形关系，最贫困的群体和最富有群体通常都住在空气质量差的地方，部分原因可能是收入非常高的群体会选择住在市中心。然而，实际监测的空气污染数据在描述这种简单的相关性时并不好用，因为受到检测手段和空气污染的流动性影响，相应的环境影响的评价研究受到很大限制。但是，聚焦于从超过空气质量标准的程度的角度所做的研究表明：达不到空气质量标准的现象，似乎更明显地发生在低收入社区。

· 洪灾：受洪水威胁的地区似乎呈现出很强的随社会地位递减的变化率，尽管这一结论主要是基于海洪灾害的研究。而在社会地位和河洪之间的相关性上，很难检测到上述的这种关系。部分原因在于较高收入的群体通常为了获得临河所带来的正面外部性而选择居住在靠近河边的区域。

· 城市绿色空间：城市绿色空间的本质、怡情价值（amenity

value）和功能差异很大，因而想要研究这些空间的环境影响是极其困难的。空间距离的临近性，并不能说明对这类空间的实际使用情况。在对绿色空间的实际使用的研究发现，老年人、少数民族群体、妇女和12—19岁的人群，在绿地使用人群中的比例相对低。不过，这一发现并不能和不同社会经济地位群体的绿色空间的使用情况相契合。

通常情况下，想要理清环境影响在不同维度上的表现是非常复杂的，因为它们的影响涉及到各种不同的社会经济群体。然而，似乎至少有一个可能性，那就是关注某地区内的低收入的、底层弱势群体所面临的潜在的不良环境影响。

阿耶曼（Agyeman）认为有关环境正义的议题应该和有关可持续的议题一起讨论[16]。提出这一观点的原因，是因为可持续议程往往只关注在安全的、运转良好的环境中的普遍共同利益问题，而对于不同社会群体在环境问题上所关注的不同利益、价值、文化和社会经济问题，无论这些问题是当前的还是未来可能发生的，可持续议程都没有给予足够的关注。阿耶曼批判了环境可持续发展这一议题，因其优先关注的是气候保护、污染控制和环境保护而不是社会问题，并且这种可持续议程总是认为这种环境政策行动一定要使全部社会群体同时受益。相反地，阿耶曼认为环境问题需要时刻考虑到其对弱势群体的影响；并且，对这些环境问题的解决，必须充分考虑所涉及到的群体的身份、历史和价值。

阿耶曼特别质疑了民族多样性问题是否在城市追求可持续发展的过程中得到了充分解决，并且他主张密切关注这些多样化群体的文化表达需求。这种关注不同群体需求的细微差别的观点，对于提倡基于社区的行动的规划是一个强有力的支持。这种方法被称为“公正可持续发展（just sustainability）”。阿耶曼更倾向于采用“公正可持续发展（just sustainabilities）”的复数形式，因为他认识到，在地方和社区层面，对公平和环境可持续的最后结果，有不同的实现路径和解读结论。当然，为了便于表达，在后文的讨论中还是采取这一名词的单数形式。

3 为公正可持续发展而重构规划

上文中的讨论已经表明，规划政策和实践应该聚焦幸福、关注不平等和可持续发展，而不是盲目、过度地采用增长依赖的规划范式。基于阿耶曼的研究，以公正的可持续发展为基本框架，对英国的规划改革议程提供了重要参考。当然，规划本身是无法实现公平的可持续发展的。摩尔特评论（The Marmot Review）指出：家庭收入、职业地位、教育质量和孩童的早期照顾质量，对于健康不平等的形成起决定性作用。当然，必须指出的是，在最理想的情况下，依靠规划体系约束下的规划手段来实现城市改善和发展，也不可能解决上述所列的所有问题。并且，在本书的剩余章节，也不是要极力推出一种合适的福利制度来取代当前的各种政策，即不是要实现从婴儿时期起的培养环境的充分满足、实现彻底的终身教育和提供充足的收入支持的福利制度。这些目标必须是整个国家大政方针的一个部分，而不是规划一个领域所能解决的。但是，有关社会空间不平等和环境可持续发展方面的问题，城市规划则更容易帮助解决，进而促进公正的可持续发展。

阿耶曼（Agyeman）认为有四点对于公平和可持续的社区是必要的。第一是对生活质量和幸福感的改善。第二是满足当代和下一代的需求，解决代内和代际公平。第三，他关注认知、过程、程序和结果等四个环节的公正和平等的重要性。第四也是最后一点，他让人们认识到人类居住生活必须要限制在生态系统的容量范围之内的重要性。这是一个重要并且广泛的议题。它不仅关注规划是如何制定的，也关注规划的结果是怎样的。规划中的许多问题，诸如城市、乡村、交通和环境规划，都亟待为这种公正的可持续发展而进行改革。

例如，联系到环境正义运动的起源，环境风险的话题在公正可持续中就有集中反映。降低污染水平并减少社区被暴露在这样或者那样的环境危害风险的规划活动，是增加健康和幸福感的重要途径。如果能够强调这种灾害在不同社会群体中的分布情况，并且认识到保护低收入群体免于负担过度风险的必要性，那么，环境公正的行动就可能实现。

尽管总体上来看，英国有充足的污水厂覆盖面和水资源供应设施，使得公众相信 19 世纪的公共健康问题已经成为历史，但目前英国还是有一些水污染的问题需要解决。排放到海洋的污染物正在持续不断地污染大量的海滩，因此有必要增加大量投资来建设新的污水处理设施。例如泰晤士河的潮汐隧道（Thames Tideway Tunnel），其作用就是防止大雨期间污水溢出进入河道而建设的[17]。转向其他生存环境，例如某些地区的污染土地，这些空间仍然是 19 世纪工业化进程中遗留下来的问题空间。尽管有大量的修复工作，但这种土地污染依然是一个问题。据估计，在 2004 年，英格兰和威尔士大约有 30 000 至 40 000 处土地受到污染的影响，总面积达 55 000 公顷～80 000 公顷[18]。

其他能影响家庭和企业主的幸福感的环境风险通常是和洪灾以及地面不稳定相关的。洪水可以有多种原因，包括海平面上升、潮涌、由于集水区过多的降雨或融雪造成的河流溢出、以及由于雨水聚集在城市地区不透水的地面上造成的内涝。这些风险，在未来气候变化的影响下可能会加剧。在英国，地面不稳定很大程度上和长期的采矿有关，过去的这种挖掘可以破坏建筑物的稳定性[19]。然而，海岸侵蚀也有作用，并且会受到因气候改变而导致的海平面上升的影响。在少雨时期，气候变化将进一步造成黏土区域的地表不稳定，这主要源于少雨引起的土壤收缩[20]。对这些风险的讨论，往往集中于它们导致的经济损失，特别是保险行业的损失。然而，对于更多脆弱的家庭来说，其代价首先是面临的处理洪灾或者地表沉降的压力，其次是那些不愿或者无力支付保险的家庭和企业的经济损失。

另一个需要解决公正可持续发展问题的领域是交通出行。如果人们要享受就业、消费、教育、休闲和其他服务设施，并且满足和其他人交流这一必要需求，那么在城市建成环境中的出行活动是必要的。有些出行活动是限定于特定区域之内，有一些则是远距离的。空间规划可以寻求一种合适的土地利用布局，使这些与出行距离变得更近而不是更远。并且，鼓励更紧凑的聚居方式以提升不同用地之间的邻近性进而减少出行距离，目前已经形成一种强大的趋势，而这也被视为减少温室气体排放的一个重要贡献[21]。然而，这仅仅只是提供了短距离出行的可能性，并不能保证人们会选择短距离出行。因为人们可能会选择使用更远区域的设施，或者因为工作的原因必须出行更远的距离。

交通出行本身，对于个体的健康没有直接危害。然而，这一活动却对道路上的其他人有重大影响。忽略拥堵带来的（个人和商业）的经济损失，机动车产生的扩散式空气污染和噪音，对健康是有影响的。对气候变化的关注，则强调了二氧化碳的排放的影响；尽管 1990—2009 年间，由交通产生的温室气体绝对总量大体上没有变化，但是由交通引起的温室气体的排放量占国内全部温室气体排放的比例从 16%上升到了 22%[22]。道路交通还会带来一系列其他污染物，包括颗粒物、一氧化碳、氮氧化物和苯类[23]。在伦敦，99%的二氧化碳、76%的氮氧化物以及 90%的碳氢化合物的排放都是来自交通。将这些数据转换成对健康的影响，其大约导致 12 000—24 000 人过早死亡，并且致使 14 000—24 000 人住院治疗。

道路交通对健康的另一个负面影响就是交通事故。在英国，2009 年有 2 605 人死于道路交通事故，其中 15—19 岁的占到 25%[24]。同时，使用汽车还会带来一种久坐不动的生活方式，从而对体重和健康产生影响。政府科学前瞻报告办公室（Government Office for Science Foresight）关于解决肥胖问题的报告显示：在过去的 25 年，肥胖率已经翻了一倍，其中有四分之一的成年人和 10%的儿童肥胖；20%～25%的儿童超重。预期到 2025 年，40%的英国人都会肥胖[25]。此外，小汽车交通的可获得性及其成本，以及无力支付小汽车交通成本而依赖公共交通和步行的社会群体，也是讨论社会公平问题的一些重要话题。

尽管交通带来的环境风险对于公正可持续发展来说很重要，但是此处探讨的焦点是与增长依赖型范式紧密关联的城市规划政策和实践。具体来说，在随后的章节里，将介绍支持不同城市地区，特别是低收入地区的发展的不同方式，包括不同的城市开发，地区改善和社区资产管理等。其中，重点探索城市规划体系在支持低收入社区，保护此类地区的服务和设施，以及在改善此地区生活质量的同时实现环境可持续发展所能发挥的作用。讨论这些问题的过程，尤其是公平和可持续发展问题，都可以通过改善住房的标准条件、可获得性和提高居民的负担能力，以及改善包括绿色公共空间在内的更广泛的公共领域的服务品质来实现。下面就这两方面的内容进行简要论述。

解决住房不足和短缺问题

住房不足，是促进 19 世纪现代规划体系法制化的主要动力之一。在那一时期，住房通常过度拥挤、受到虫害侵扰、潮湿并且缺乏通风。它因为“贫民窟”这样一个极具贬义的术语而出名，并且为 20 世纪早中期大规模贫民窟拆除运动提供了理由。尽管这种最糟糕的贫民窟状况已经根除，但是仍有人居住在拥挤不堪、潮湿和不适宜人居住的地方。此外，无家可归的群体也依然存在。有关住房可获得性和住房条件的报告，揭示了许多严重的问题[26]（下文中的数据只针对英格兰地区）。

很明显，目前的住房供给，从家庭可以支付的能力来看，还是相当短缺的。在 2012 年，有 185 万家庭在地方委员会的住房需求名单上；而在 2012 年的第三季度，将近有 70 000 儿童还住在临时住所。并且在同年的第四季度，13 566 个家庭被地方当局认定为无家可归。此外，新住房的竣工率很低，2011 年 12 月有 105 590 处住房完成，其中 58 000 处住房被认为是“可负担的”，但是其中只有 24 000 处是住房协会建设的住宅，地方当局建设的更是不到 2 000 处。考虑到人口变化，据估计，新建率需要提升两倍，才能满足住房需求[27]。要想使得住房需求（和总需求不同）得到满足，住房成本问题也必须得到有效解决。下面看看社会住房和私有住房在租金价格上的差距：2012 年的第一季度，私人出租价格（以一年的总体价格计算）在东北部是 468 英镑每周，在伦敦市则是 1 312 英镑每周；2011 年，住房协会的住房在这两个区域的平均周租金价格分别为 65.78 英镑和 97.46 英镑；而 2011 年 12 月的地方城市议会的住房（council housing）周租金价格分别是 59.38 英镑和 89.17 英镑。

住房的标准问题也是需要进行有效解决的。潮湿和极差的室内空气质量，容易导致发霉进而影响健康。2010 的英国住房调查发现 7%的住宅有潮湿问题[28]。住房并不总能提供充足而令人舒适的暖气供给。燃料贫困（fuel poverty），是指一个家庭不得不花费家庭收入的 10%用于房屋供热的这种情况。处于燃料贫困状态的家庭的数量，会随着能源价格的变动而变动。但是据估计，在 2010 年，这种家庭在英格兰有 350 万户，而在整个英国则有 475 万户[29]。另外，气候变化可能意味着在炎热时期，许多住房将不能提供充足的通风和制冷条件来应对天气过热问题。在过去几周，持续的极高温天气已经使死亡率，尤其是老年群体的死亡率，急剧上升[30]。

解决这些问题的办法就是新建住房，或者提升、替代不宜居的住房，从而提供更合适的住宅条件以抵御外部环境的不利影响。但是，在实施这些措施的过程中，不仅要采取低能耗和低碳排放（关系到室内能源消耗）的技术提供令人舒适的住房条件，而且还必须保证低收入家庭能够负担得起。

改善公共场所的益处

人类并不仅仅是住在他们自己的房子里。公共空间对于进行日常的活动、发展生计、追求个人享受和进行社交是必要的。它提供人们所需的一系列服务和设施：购物、休闲、教育、医疗等。它也提供了就业的机会。公共场所集合了所有的城市生活元素。因此，公共场所的质量以及它所支持的地方社区的方式，构成了公正可持续发展的一个必须要素。公共空间，不仅包括满足各种用地功能，例如就业、服务等的建筑，还包括这些建筑之间的开放空间。这些开放空间的质量和特性对不同的社会群体的健康有显著影响。如果说充足的住房是公平和可持续发展导向的规划的首要要求，那么高质量的公共场所就是紧接着第二重要的要求[31]。

公共场所的品质包含了许多不同的方面，但是需要特别指出的是，人们普遍认为公共场所的物理特征有助于身心健康，而绿色基础设施似乎是这其中重要的一个方面。绿色植物已被证明有助于健康的精神状态，并且有助于康复[32]。例如，对于工人来说，在植有树木的绿化空间中休息活动可以减少压力和疲劳，并且能够提高生产效率和创造力。包括阿兹海默症（Alzheimer's）、痴呆和抑郁症等一系列的病症都可以通过户外活动来减轻。同时，绿化空间还有其他潜在功用，可以提升人们积极参与锻炼活动的机会，从而利于强身健体和减少肥胖。如果能够保证户外空间的吸引力和安全性，则可以鼓励人们参与对健康有益的活动，从而减少肥胖和改善心血管疾病，进一步还可以减少碳排放而有利于环境。

户外公共空间对于所有年龄阶段的人群都非常重要。但是提供给儿童户外玩耍的空间可能是最为重要的，因为这可以避免后续成长阶段可能出现的超重和不健康等问题，同时也可以帮助他们建立一种积极的出行模式。由英国皇家保护鸟类协会（The Royal Society for the Protection of Birds，RSPB）主持的一项研究，有力论证了儿童户外活动的益处，包括教育、身心健康以及培养个人和社会技能[33]。尤其是对于患有多动症（ADHD）的儿童，这种与大自然的接触好处多多。研究发现："在大自然中的户外活动对改善儿童的多动症的作用同城市户外活动相比提高了30%；相较于室内活动则是多达3倍。"华盛顿大学的一项研究证实了这一结论，它发现与大自然接触有益于儿童的认知、情感、智力、想象力和行为的发展[34]。

如果能够配上合适的植被，绿色空间也可以降低空气污染[35]。此外，自然植被可以作为噪声缓冲区；水景也可以遮盖噪音。绿色和蓝色基础设施（即各种水体）在未来应对气候变化中，也许有更显著的作用，因为它们可以弱化长期高温天气造成的炎热压力的影响[36]；在气候变化的这一大环境下，这一点对伦敦和英国东南部的重要性更加明显。

最近，人们开始强调户外环境具有给城市或郊区园艺活动提供新空间的潜能[37]。这样做有一系列的益处，因为相关的体力活动也可以被看作是一种锻炼。同时，它也提供了食物的来源，特别重要的是新鲜水果和蔬菜的来源。这些食物有助于满足基本的营养需求，当然正好也是有助于健康饮食的食物类型。在因地方零售结构不合理而很难买到便宜的水果和蔬菜的情况下，这种额外的家庭食物对于一个家庭的健康和家庭预算是很重要的。

4 改革规划制度的必要性

实现公正可持续发展需要一种不同的新规划路径，一种不同于长期占统治地位的增长依赖型规划的路径，当然也需要包含不同规划工具和运行模式的规划制度。这种规划制度可以被分为以下三种元素：融入到总体的政策框架之中并反映相关组织机构的价值取向的规划目标；这些组织机构参与到规划中而形成规划的动力机制的规划过程；使得规划的动力过程能够最终实现规划目标的具体实施工具。

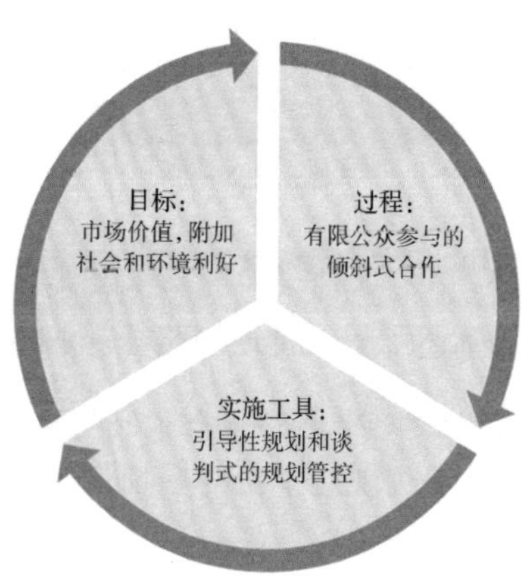

图 6.1a 增长依赖型规划的制度框架

图 6.1 用一个简单的图解形式对这个新框架做了阐释。其中图 6.1a 提供了增长依赖型规划这种范式的框架图解。在此规划范式下，其目标就是在实现市场价值的同时实现额外的社会和环境收益。此规划过程基于一种有限公众参与的合作形式，其路径就是

在采取引导性规划的同时，还结合规划管控和规划谈判。正如上文讨论的，如果规划体系内的管控足够有力，规划师们的谈判足够有效，同时社区对市场计划的开发和可谈判的收益可以接受，那么增长依赖型规划则可能会更加有效。然而，上述所列的这些条件并不是总能实现。

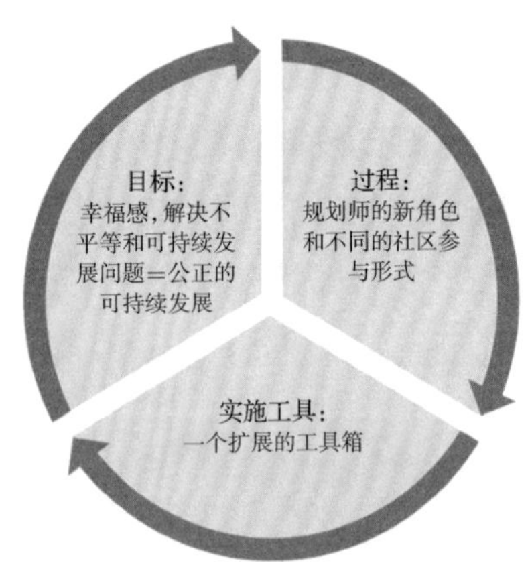

图 6.1b　超越增长依赖型规划的制度改革

图 6.1b 则简要阐述了另一种规划路径。同本章的讨论相一致，此路径的目标包括了幸福感、解决不公平和可持续发展的问题，即公平的可持续发展。要实现这个新的规划路径，是非常具有挑战性的。应该认识到，英国的规划体系已经倾向于回避为了特殊社会群体的利益而采取的行动，唯一的例外可能是对于身体残疾的群体有相关法律条文规定。相反，本章倡导的规划政策试图促进建成环境的改善，以给整个社会所包含的物质环境（比如优化的城市公共空间）或者社会中尚未得到充分认定的群体（比如那些寻求充足住房机会的群体）带来利好。但它并没有主张实施特定的行动，来支持特定的收入群体或特定的住房使用期限。这些基

本问题，将在七到九章做进一步讨论。

这种改革也意味着，规划师将需要担当新的角色，并且也将采取不同的社区参与形式，当然与之相应的扩展的规划工具集合也是必要的。本书中有关超越增长依赖型规划的制度安排的描述，在本书写到这一步的时候必然是粗略的。在接下来的章节中，我们将探索规划体系中可供使用的各种工具和方法，进而实施公正可持续议程。当然，在这里我们无法提供更多有关如何实施的探索细节。在第十章，我们将针对规划体系所涉及的各种机构和制度应该做出怎样的改变才能实现规划体系的有效改革的问题，做更加全面而完整的阐述。

第七章
其他可供选择的开发模式

在本章中，我们将集中讨论不同于增长依赖型城市开发的替代模式，特别是关于如何通过这种开发满足多元的社会需求，包括低收入家庭的需求和针对这类家庭的保障性住房（affordable housing）的供给。这里的术语“affordable（负担得起的）”不讲究其任何技术意义或限于当前的政策术语，它只是用来强调提供低收入家庭能够支付得起住房的重要性。而本章正是从居民是否有住房的“负担能力”开始讨论，随后进一步讨论了具有满足地方社区需求潜能的新发模式，当然也包括一些能够实现环境可持续发展的新模式。

1　保障性住房

增长依赖型规划的局限性

就“负担能力”而言，其核心问题为：市场过程是以满足那些拥有购买力人群需求的新开发为导向的[1]。这并不意味着所有的开发都必须瞄准市场的最高价值部分，也即那些最具有购买力的人群。正如第三章所描述的，这很大程度上取决于市场上对新房产需求和提供这种开发所需成本这两者之间的平衡关系，这种成本包括材料、专业费用和劳动力，也包括土地和财政。这可能意味着建成项目的价格和开发成本之间的差距不合适的时候，中等价格而非高价格的开发项目才是市场参与者视为可以尝试的合适领域，并在特定的时间和地点付诸实施。然而，市场往往不会实施最廉价的房产开发项目，至少新的开发不会如此。一般情况下，市场会把廉价的开发留给政府对现有库存的调整的需要，而此类开发往往是通过对荒废的或空间受限的不动产的改造而实现的。相比之下，高价格的开发项目，通常可以带来更多的利润。

前几章已经论述了增长依赖型规划如何利用规划收益和杠杆调控工具来满足社区需求。在新工党政府执政时期，常常要求住房开发项目必须提供一定比例的保障性住房[2]。大伦敦政府在市长肯·利文斯通（Ken Livingstone）执政时，伦敦这一比例高达50%。这么高的比例得以可行，是通过将城市的住房高需求和这一时期的另一个政策——允许提高开发密度相结合来实现的。在这种情况下，住宅开发是非常有利可图的，并且使得在新开发中大量供应保障性住房的这种要求在规划协商中获得成功的可能性大大增加。目前，英国政府的政策对保障性住房的这种开发的强烈要求已经在减弱。根据当前蒙塔古委员会（Montague Commission）的提议，要求提供保障性住房的条款将可能被废除，至少对用于租赁的住房而言是如此[3]。而在用于出售的住房方面，目前的重点已经转向评估所要求的附带保障性住房的百分比是否正在威胁着开发地块的可行性[4]。

增长依赖型规划另一种可用的策略是补贴新的开发，只有这样才能保证建设较低价格的项目可以获利。正如第三章所讨论的，这可以通过为新开发提供补贴，如过去几十年里施行的城市更新补助金。这种补贴也可能隐藏在较低的土地价格中，如国家向开发商提供更廉价的土地。这就是伦敦码头区再开发背后的动力，例如，大面积土地通过一个简化的手续被转变为伦敦码头开发公司所有，然后在建设许可可以获得的情况下以新开发可以获利的价格转给开发商。蒙塔古委员会正在建言：将公有土地“借给”开发商（包括住房协会），用以建设用于出租的住房，并通过一次性卖给永久性房东获得偿还资金。

然而，上述两个策略必须在一个有相对强劲市场需求的条件下才能奏效，而当市场需求衰退时它们的作用也会随之减弱。在此情况下，公共利益的协商将变得更难实现。开发商的拒绝提供公共利益的论据，往往也是似乎有理的，是：他们无法承担这些成本，即使有开发补贴，其充其量只是能够使得开发继续推进，而不能够支持大量社会福利的供给。在过去，解决这个问题的方案，不是促进放宽规划管控就是依赖国家供给。

通过放宽规划体系的管控作用来解决保障性住房问题

在规划讨论中，经常提到的一个观点是：规划管控本身就是造成低价格的开发项目无法施行的原因。这种观点的支持者认为规划管控限制了新开发的总体供给，从而造成新开发项目价格的增长。这种观点，特别适合用来解释住房不能满足地方社区或新来者的需求的现象。在此，引用彼得·霍尔先生的话，城市规划系统"限制"城市开发的趋势是非常明显的[5]。这种限制主要源于两个方面。第一方面，是一些特殊的用于限制开发的事物，如绿带、国家公园、秀丽的自然风景区和保护区；另一方面来源于所谓的"邻避主义（NIMBYism）"，即一些居民不允许有负面影响的项目影响到自己，进而影响项目的开发管控过程，最终使得开发计划受阻。

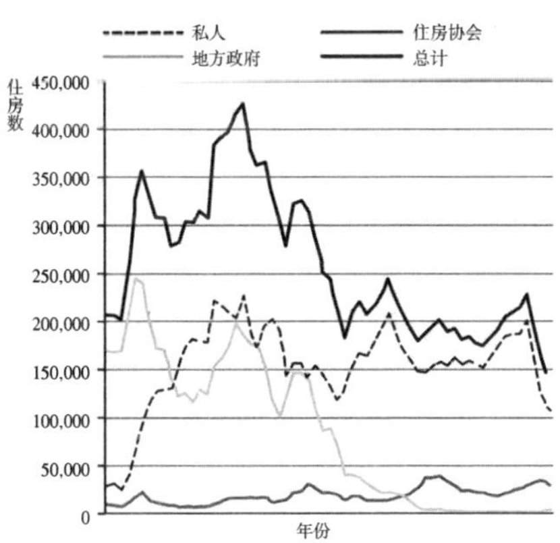

图 7.1　住宅建筑：完成交易数 1949—2010

来源：数据来自网站 www.gov.uk/government/statistical-data-sets/live-tables-on-house-building 上的表格

总之，这些都可以认为是造成过去半个世纪住宅建筑比例下降的部分原因。如图 7.1 所示，在 1954 年，住房数达到一个峰值，然后在 1968 年达到一个更高峰。此后便一直回落。到 1982 年，降到了 200 000 以下，随后便一直在这个数值附近徘徊，直到最近的经济危机：在 2007 年刚超过 226 000，接着又是大幅的下降，到 2010 年已不足 139 000。

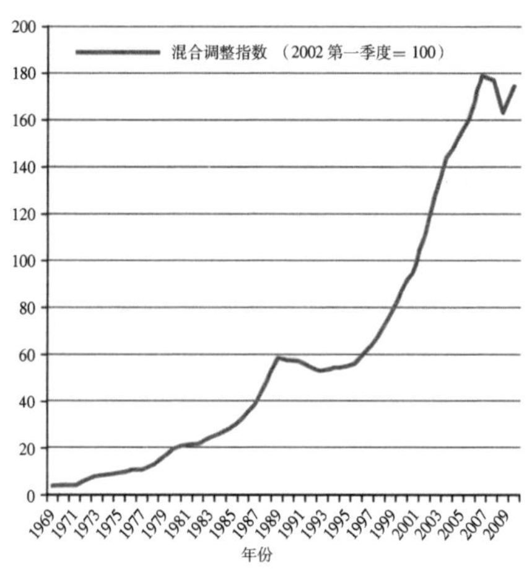

图 7.2 住房价格指数 1969—2010

来源：数据来自网站 www.gov.uk/government/statistical-data-sets/ live-tables-on-housing-market-and-house-prices 的表格

可以认为，供给减少的纯粹影响，就是推高新开发项目的价格水平。事实上，住房的价格确实是显著地提高了。图 7.2 描述的是住房价格指数的发展变化情况，价格指数经过了调整，调整中主要考虑到不同类型的住房在不同年份的不同情况。在 1989 年到 1993 年期间以及 2008 年到 2009 年间，住房的价格有所下降；而在其他时间内，所有住房（新的和现有的）的全国平均价格水平一直处于上升状态。就新建住房价格而言，即使考虑到新住房的价格高达6%的折扣，亦遵循同样的变化趋势。这个价格折扣在20世纪70年代初期的经济危机间上升至约10%的比例，而且在最近的一次经济动荡中再次达到这样的比例。

如此看来，答案似乎是需要放宽规划管控，从而让更多的开发得到实施，进而通过增加供给来推动房价下降。这就是20世纪90年代极具影响的巴克评论（Barker Review）[6]中所倡导的政策，这也是上个世纪80年代保守党撒切尔政府和目前的联合政府所倡导的政策。然而，当把私营部门竣工数和住房价格指数放在一起考虑时，我们发现这个结论没有对这个问题给出清晰而全面的分析。当然，对其他供给侧的因素的分析也不够，例如住宅建设的价格和房屋建设者所持土地所有权的作用等；类似的，需求侧的影响因素也是考虑不足的。

英国住宅建筑业，并不以加大对现代生产方式（例如规模经济和新技术的应用等）的投资从而降低成本著称。相反，在英国的住宅建筑业仍然是一个相当传统的产业，当然这只是与欧洲的许多国家相比而言的结论。住宅建筑业从受到限制而且往往是多层次的开发项目中获利的能力也是不容小觑的。与从销售中获利一样，开发商也会从每一套住房开发建设项目中获利（开发商显然偏爱更多量的而不是更少量的开发），基于此，住宅建筑商们也更喜欢那种能维持他们新住宅价格水平的市场环境。因此，开发商在一定程度上对限制供给的政策很感兴趣，当然也有可能对管控供给的政策更感兴趣。同时，由于住宅建筑商们自己拥有土地储备，因此他们也对那些可以让土地储备价值保持较高水平的规划政策非常感兴趣。此外，对住房供给不进行限制的政策可能不受青睐，因为这将降低开发商所拥有的土地储备的价值。相反，如果土地的投放是基于政府管控的有序投放，将会成为开发商青睐的方式，尤其如果投放的是他们储备的土地[7]。

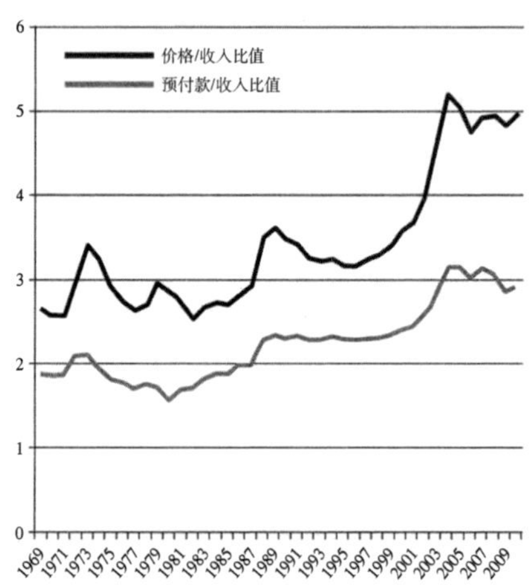

图 7.3　房屋价格和抵押贷款分别与收入的比值 1969—2010

来源：数据来自网站 www.gov.uk/government/statistical-data-sets/ live-tables-on-housing-market-and-house-prices 的表格

需求侧的因素对房屋价格的影响是和房贷金融紧密关联的。鉴于住房是一个昂贵的商品，大多数人并不能靠他们的可支配收入一次性付清，购房便依赖于借款或获取抵押贷款。这就意味着抵押贷款的可得性和成本都将会是影响房屋价格的主要因素。这反映在图 7.3 中，它说明了房屋价格与居民收入的比值和预付款与居民收入的比值有着非常相似的变化曲线。可能有人认为这只是反映了借款人的需求，因为房价上涨，他们需要借用更多的钱。但是这是一个自由市场，而且关键是不通过抵押贷款提供的信贷他们可能没能力购买房屋；卖方包括开发商，可能会获得更高的价格，因为人们可以获得更高数额的贷款。

更多的新保障性住房供给以及一般的住房供给和规划允许更多的新住房开发之间存在复杂的相互作用关系。这意味着放宽规划管控不太可能是一个非常有效的政策。这是因为，供给受到房地产市场价格影响很大，当需求大增时，需要增加供给来减轻需求的压力从而降低房价。此外，住房市场和其他的房地产市场一样，似乎有“向下黏性（downwardly sticky）”，以至于房屋价格上涨比下跌更容易。然而，房屋拥有者面对房价可能下跌时，他们通常会将自己的财产从市场撤离而不是以低价格出售。因此，现房供给在价格低迷期趋于枯竭，只有那些真正需要或希望缩减规模的人才会出售。

由于房价受一个地方住房供给总量的影响——包括新建的和还在流转的库存——这将减缓任何由于去规划管控而导致的房价下跌。而且，拥有土地的房屋建造商可能也试图等待房价下跌结束而不是看着他们的土地储备价值下跌。或者，他们可能通过小规模一点一点（drip-feeding）的开发来调控所在地区的新房供给量，以免由于供给过剩涌入市场而危害自身的利益。

最后，应该记住的是，规划系统的限制性政策也是有保护农村和管理土地空间方面的目的的。如果真要热衷于采取放宽规划管控来压低房价，这有可能会破坏实施规划管控所要达到的其他重要目的，而这些目的实现是有大量公众与政治支持的。

还有一个重要的论点，就是保护住房负担能力并非属于规划体系原本划定的职责范围。规划体系旨在塑造和调控新的城市开发和城市变迁，然而，保障性住房的政策实际上属于住房政策的范畴。尤其重要的是，保障性住房政策是要提供不受住房市场动力机制影响的住房供给，从而调控由于住房市场的力量而造成的对居民负担能力的影响。在过去，针对后一种情况所采取的政策形式是控制私营部门对居住成本的影响，但这种政策并不针对房主自住房的情况，而是针对属于私营机构的房东能够收取的租金多少的问题。尽管当前这个政策还不是一个有效的住房政策，但租金控制已经时不时地被用于控制私人房东可以收取的租金价格；而社会房东（即住房协会），则还是遵循租金价格约束，这是他们获得资金补贴的基本前提[8]。

然而，这种租金控制政策一直被严厉批评，因为它对租赁房供给有负面的影响。既然用于出租的房产目前是由市场提供，那么相比其他投资机会，租赁房供给量将受投资此类住房的盈利水平影响。显然租金控制限制了这种利润，因此，它往往会减少租赁房的可获得性。住房租赁合同的安全有效，是控制租金的关键要素之一，否则房东可能以一个愿意花更多钱的人代替老房客。但住房租赁合同的约束也导致了供给的僵化刻板。由于家庭或者就业原因，房客不会搬走，即使他们可能很想这么做，因为他们担心自己将无法以同等的价格租得另一个房子。面对这样的批评，在20世纪后期，对私营部门的租金控制逐渐被解除。私营部门租金现在很大程度上由市场的供需水平决定。这显然使得一些面临严重经济压力的家庭无法筹集足够资金来考虑买房，只能用占据每周收入相当大比例的收入的一部分来支付房租。

当住房成本将很多家庭推入福利系统安全保障体系中时，相应的应对政策是通过住房补贴来抵付部分租金。然而，这是一个非常昂贵的做法，其结果往往是补贴进一步促进了私营部门的租金价格的膨胀上涨，大部分的住房补贴以更高租金的形式直接流入房东手里。因此，在公共部门财政紧缩的情况下，住房补贴的支出则需要通过一系列措施进行缩减，例如：对入住率不足的惩罚（所谓的“卧室税（bedroom tax）”）；根据房产大小进行的适当的最高租金限定；以当地市场租金的30分位（30th percentile）的价格作为租赁价格的关联参考（而不是像以前一样采取中位数）；对每个家庭能够获得的最大福利进行限定等[9]。这正是迫使很多家庭从相对昂贵的租赁市场搬到价格较低的地区的原因。

从这简短的讨论中，应该明晰的是，提供保障性住房的主要途径，是制定一个可不受市场机制约束的廉租房政策。因此，对公共部门提供的廉租房而言，其几乎找不到市场替代品。

公共部门开发：历史的选择

鉴于通过市场导向的方法来满足住房需求的这些局限性，曾经有些时期采取的方法就是直接国家供应住房。对图7.1做更加仔细的解读，我们可以发现地方当局提供的保障性住房在所有竣工住房中的重要性，这一特点至少持续到1976年。在1954年，地方政府建房占所有完成量的68%，1968年占43%。但是，自1976年以来，它已经下降至仅占每年成建房中的很小部分。到2010年，这一趋势略有反弹，开始上升，但只有1 360栋住房完成。地方政府建房大幅下降背后的原因是什么？

可以指出的一点，是人们对公共部门所建住房质量有各种强烈的不满，特别是高层住宅，以及那些花大价钱而采取的新技术方法，最后却存在安全问题。而潮湿、发霉和不合适的供热系统，则是最为常见的问题。房产的设计，通常是不能提供良好质量和安全的儿童游乐场地，相反还缺乏“可防御空间（defensible space），一些人认为这些缺点是造成反社会甚至是犯罪行为上升的原因。当时，在东伦敦地区有一个臭名昭著的“罗南点灾难（Ronan Point disaster）”：一所公寓里的瓦斯爆炸导致了一座塔式大楼几个楼层的坍塌。这便证实了地方当局提供的保障性住房（同上 council housing）存在缺陷的观点。

然而，对地方当局提供的保障性住房的致命一击，是从 1979 年起来自保守党意识形态驱使的政策，即所谓的“购买权政策（the Right to Buy policy）”。在这种情况下，地方当局允许租赁保障性住房的租户以相当大的折扣购买自己所租住的房子。当时的想法，是给这类家庭以业主的地位，从而使其享有房屋增值的收益；而且更为一般的想法是，使得其在整个社会中拥有所谓的基于所有权的平等股权。“购买权政策”在运作的一开始，就意味着地方政府建造保障性住房不再可行，因为这些房屋可以迅速地以建设成本的折扣价卖掉。曾经有一段时间，关于保障性住房出售所得收入如何花费的问题也是争议不断。当前的政策是，这些收入应该在以一换一的原则上，用于提供新的保障性住房[10]。

这样做的目的，是为了使得居民对保障性住房的需求可以由住房协会部门来承担。然而，如图 7.1 所示，他们所竣工的总量，从来没有超过 39 000 套（这是 1995 年的数据）。住房协会的运行，很大程度上就像私营开发商开发新项目一样，不同的是他们能够得到一个好处，那就是他们的开发和管理活动有大量的政府补贴。所以他门能够以低于市场租金水平的价格来提供房屋出租。然而，令人担忧的是住房协会能否真正地提供有效足够的保障性住房，尤其是在高租金地区。当前的国家廉租计划（National Affordable Rent

Programme）为住房协会开发提供了补贴，但是通过综合开支审查（Comprehensive Spending Review）后，这类住房预算削减了60%，这就导致补贴给目标家庭的平均金额进一步减少，这使得保障性住房的租户需要支付的租金几乎达到私有市场价格的80%。住房协会正期望通过缩减其资产平衡表，来提供更大的保障性住房的供给能力。约瑟夫朗特里基金会（Joseph Rowntree Foundation）认为，这可能会造成在一些地区的社会住房租金甚至可能会超过市场租金价格[11]。

此外，住房协会还提供了一系列的共享所有权的选择机会。参与的家庭每周或每月需要支付一定数额的资金，这些资金一部分用于支付租金，另一部分则可以算作用于购买一些他们住宅的所有权。但是，这种做法对很多家庭来说可能不再支付得起。住房协会在伦敦伊斯灵顿（Islington）开发的保障性公寓（负担得起的公寓affordable flats），据报道提供60套可以获得共享所有权（shared ownership）的保障性公寓。对此，政府补贴了2 000万英镑，但是要想购买一套最大的公寓的25%份额的所有权，购买者的收入可能需要达到伦敦平均收入水平的两倍才能够实现；而要购买最小的公寓的25%的所有权，购买者的收入水平则需要与伦敦的平均水平持平[12]。

与此类计划相关的一个更深层次的问题在于，他们将住房从一种服务（住房供给）转变成一种资产（住房股权），前者的价格（租金）可以由社会房东控制，后者的价格则是由市场波动来决定。尽管享有股权的购买者可能潜在地从住房价格增长中获利，他们也同样面临市场低迷带来的风险。一旦风险发生，他们所享有的股权价值可能真会跌至低于当时用于购买股权的抵押贷款的价值，也就是说，可能会陷入负资产。

如果一个家庭确实能从住房价格增长中获益，并决定在市场上售卖来获得这种增值，则他将处于一个有利的位置；但是，一旦房屋的股权售出，那么其将会从保障性住房供给库中移除。住房的股权在初次出售之后，要想对其价格进行控制，基本是不太可能的。即使在一些公共土地所有权使得低房价的住房能够有效供给的国家，例如瑞典和德国，从长远的角度看上述这种出售房屋股权的做法也可能会产生问题。仅在那些曾经是共产主义国家，例如白俄罗斯（前苏联），住房出售的价格才是被控制的。

不过，住房协会部门在提供社会保障性住房中起着明显的重要作用。然而，在增长依赖的模式下，这种作用是非常有限的。其首先需要依赖政府补贴，其次是市场需求，来进行协商使得这样的社会福利住房变得切实可行。问题在于是否存在其他的开发模式可以让住房协会发挥更大更广泛的作用，并且通过城市发展变化来满足多样的社会需求。本章的剩余部分着重探讨这些新模式。

2 田园城市模式

对许多人来说，田园城市仍然是规划可能追求的愿景：一个为平衡各方需求和压力而设计的环境。田园城市，因其良好的城乡平衡而受到特别的广泛赞誉，它最大限度地兼有城市和乡村的优点，同时规避了二者最为糟糕的问题。著名的三个磁体图以图解的形式充分体现了这一点。如同社会城市图解具有的视觉重要性，它提出了一个简洁的空间布局，围绕运行良好的公共交通系统而组织的簇群式开发。因此，城乡规划协会（TCPA），田园城市理念的拥护者，将田园城市视作城乡结合的美好愿景[13]：

> ……最好的城乡生活，可以为劳动人民在充满活力的社区创造健康的家庭。田园城市理念的核心是新居民点的整体性规划，改善自然环境、提供高质量的保障性住房和就地可达的工作。

然而，田园城市模式的真正创新不在于其城市设计的概念、空间规划或者交通基础设施。而在于埃比尼泽·霍华德的《明日——一条通向真正改革的和平之路》（1989）一书所阐述的核心经济模式，这才是田园城市的真正创新点之所在。虽然城乡规划协会把“社区土地所有权和长期资产管理工作”放在田园城市关键原则的首要位置，但这方面的观点，和其他方面相比较，更少被人们重复强调[14]。

这种经济模式的实质，是由一个信托机构保留田园城市开发区域所有土地的永久产权。所有的开发权的授予，则以长期的租赁权为基础。这就给田园城市信托机构提供了一个连续的收入来源，如同租赁人付的地租。这也就意味着土地的价值被归于信托机构的名下，而且他们能够从土地价值的增长中获利。

莱奇沃思（Letchworth），在英国开发的第一个田园城市，提供了一个很好的例子[15]。从 1903 年开始，第一田园城市有限责任公司（First Garden City Ltd）在赫特福德郡（Hertfordshire）的一块 3 818 英亩的土地上开始建设田园城市。它拥有英国第一个环状交叉路口和第一个专门建造的电影院。1962 年，这个公司的资产、

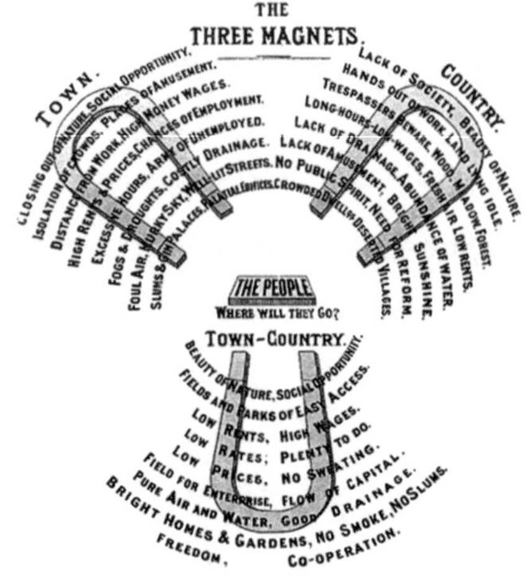

图 7.4　三磁体图

来源：城乡规划协会（Town and Country Planning Association）

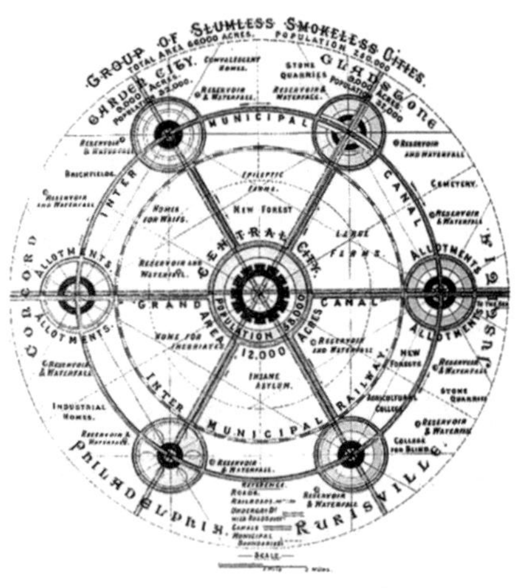

图 7.5　田园城市模式图

来源：城乡规划协会

社会角色和责任被转到了莱奇沃思田园城市公司（Letchworth Garden City Corporation），然后在 1995 年，又被转到莱奇沃思田园城市遗产基金会（Letchworth Garden City Heritage Foundation），此一时期公司的财产价值达 5 600 万英镑。现在每年可以靠商店、办公和工业用地的租金获益 260 万英镑，同时还包含 5 500 英亩土地，以及为 33 600 人提供的住房。目前，莱奇沃思一半住房属于社会住房或保障性住房。

遗产基金会拥有的房产所有权，意味其有持续的收入来满足当地的需求，而不是完全依赖吸引私营部门的进一步投资这一框架来为整个社区提供社会福利。2011 年，通过慈善活动和赠款，该基金会拥有超过 300 万英镑可用资金投回城市。提供的服务包括：百老汇电影、社区中心、日间医院、绿道（围绕城镇的 13.6 英里小径）、第一个田园城市遗产博物馆、一个小型公共汽车服务、购物机动车服务、独立农场和旅游信息中心等。此外，这些资金还用于改善城市景观。

基金会组织还提供了一个与当地社区保持持续交流的机制。事实上，“致力于开放交流”是基金会的四个关键原则之一，另三个原则是可持续发展的承诺，积极和开拓性的运行方法，以及重视莱奇沃思作为世界上第一个田园城市的重要性。这表明基金会在很早之前就对“莱奇沃思田园城市中心战略”做了相关咨询；赫特福德郡北区议会随后在 2007 年正式采纳了该战略。因此，体现社区集体利益的土地所有权和社区参与一起，共同推进着此地的规划发展。

拥有土地所有权的大型地产公司，在某种程度上，和莱奇沃思的运作模式非常相似，例如，拥有和管理着伦敦中心区域的贝尔格莱维亚（Belgravia）和梅菲尔（Mayfair）两个上流住宅区的那些地产企业。相似之处是永久产权和长期租赁模式的使用，从而保留公司的支配权并且可以从地区开发与增值中获利。然而，不同之处是田园城市模式明显是为当地居民和企业的公共利益而建立，然而，拥有土地所有权的大型地产公司的运行模式所得的收益归于私人土地所有者，而且土地所有权和房产管理手段——房地产中的主体，可能是将私人利益而非公共利益置于核心地位。

所以，上述讨论想要强调的，是通过一个适当的制度机制将土地所有权归于社区名下之后，其对地方规划可能产生的影响。这将在某种程度上降低市场力量对地方规划和发展的影响。在此情况下，社区的利益可以通过土地所有权而轻易获得，而不需要规划管理者和谈判者通过谈判才能得到。国外很多备受赞誉的优秀规划案例就是基于地方规划当局对土地拥有的所有权[16]。例如，在德国的弗莱堡（Freiburg）和瑞典的斯德哥尔摩（Stockholm），地方当局保有了计划实施开发的土地所有权，形成激动人心的样板开发工程，如弗莱堡的沃本（Vaubun）和斯德哥尔摩的哈马碧生态城（Hammerby Sj · stad）。这和英国过去 50 年所采取的方式截然相反：在英国，开发公司经常以补贴价格直接将土地流转开发商，而不是为了短期的管控和长远的经济利益，把土地永久产权掌握在自己手里。

在 2012 年的一份报告中，城乡规划协会探索了田园城市模式在当今社会中可能的相关潜力[17]。报告的开篇，就明确了建立“释放土地潜能（unlocking land）”的重要性：“无权在合适的地方以合适的价格获得合适的土地，田园城市的美好愿景就不可能实现。”这句话的意思，是指土地的供给需要来自公共房地产。它预见到了政府以协调的方式在集中收购和有计划投放公共部门土地过程中的重要作用，并且要求对公共部门待售土地需要获得“最好的价格”的规则进行复议，对增长依赖型方法这一规划进行重审，反思开发商竞标以获得最高土地市场价格的这一做法。和这些做法相反，城乡规划协会认为应该创造低于市场价格的条件，使得一些必要的开发项目能够继续进行。

此外，城乡规划协会还强调了一些其他方面，例如要降低基础设施投资给投资者带来的风险。同样，这就需要补贴私营部门的开发（参见第三章）。协会认为当局应该能够从 CIL（基础设施征税）借得所需资金来资助这样的基础设施开发，甚至可以从新的家庭额外津贴（the New Homes Bonus）中抽取部分来实现补贴（见第三章）。城乡规划协会的整个报告文件的总体方法，就是为了实现规划当局和开发商能够分享“风险与回报”。但是，这个方面将地方规划当局和市场导向和增长依赖型规划模式两者紧紧而有效地捆绑在了一起。这种做法，在有市场开发需求的地方可能是有效的；或者在不太可行的地区，通过结合公共部门支持的基础设施投资和土地流转补贴来提升其可行性。但这并不等同于在今天再次使用田园城市运动中所采取的金融运作模式，即要求社区以永久产权的形式保留所有土地的所有权。

3 社区开发与土地信托

目前，出现了一种新的运行机制，就是更直接地授予当地社区（土地）所有权并使他们能够发挥控制和管理服务的作用。这一节就探讨这种创新机制。

这种新的运作模式，我们称之为开发信托，它以各种各样的名称来运营，例如便利设施信托、环境信托、社区开发公司等。开发信托就是一种合伙组织形式，它可以进行各种各样的活动来造福当地社区。例如，他们可以：

· 以中小企业工作区、体育和娱乐设施或者低价住房等形式开发土地；

· 更新和整修建筑、开放空间和公共领域；

· 管理和经营工作空间、市场空间、公共开放空间、社区设施和托幼中心；

· 提供培训、教育和咨询服务和参与社区发展。

在经济上自给自足且不依赖资助是他们经营模式的核心。用早期的田园城市模式，他们可以首先建立一定的土地所有权或产业作为基础，然后赚取收益。其目的，就是为本地创造资产，并随着时间的推移而积累资产的价值，然后不断地再将收益投回社区。最常见的组织便是一个受担保的有限公司，它的成员和普通股东完全不同，并且公司的盈余是用于再投资而不是给成员分配利润。慈善机构身份可以带来税收优势，但对其交易活动也进行了限制：它要求成立另一家贸易子公司，规定其利润要返回到上层慈善公司。

社区土地信托（Community land trusts，CLTs）在 2008 年的“住房与再生法案（Housing and Regeneration Act）”中的第 79 节中给予了合法化定义。社区土地信托就是为了社区利益而长期持有土地的一种机制。它将建筑物的价值与其所在的土地分离，而土地完全归社区所有。这使得建筑物——可能包含住房和/或其他社区资产，以永久可支付得起的价格被经营。社区土地信托的管理是基于社区的，往往涉及大量志愿者的时间和精力。社区土地信托可以使用多种不同的合法形式，但它们往往会以工业与远见协会（Industrial and Provident Society）或有担保的有限公司的形式而存在。有时这些机构拥有慈善机构的身份，但这不是其根本性质。不管如何，这些机构都是本地推动、本地管控和本地负责的。

配合上述这些方法，还有社区土地信托基金，它提供资金以支持可行性研究、技术支援和资本借贷，以补充已有的商业开发融资[18]。此外，在开发前期，地方当局可能会提供支持，而且教区委员会（parish council）的相关准则也可以被采用（教区委员会也分担部分地方税收）。地方当局还有权资助开发，例如通过建设补助金、循环贷款或者利息延期支付协议等。资金也可能来自住房与社区代理机构（the Homcs and Communities Agency），并且社区土地信托有时也会与住房协会合作开发住区项目。事实上，大多数的社区土地信托主要专注于提供保障性住房[19]。但如表 7.1 所示，它们也被用于促进那些基于社区的开发活动，以使得土地所有权能够有效得到利用。

一个早期的开发信托和社区土地信托的例子，是科因街道社区建设者（the Coin Street Community Builders（CSCB）），该项目将泰晤士河南岸的 13 英亩遗弃土地变成了一个繁荣多元的邻里社区[20]。1984 年，当地居民成立科因街道行动小组（Coin Street Action Group）后便将其建立起来，并能够基于社区开发不断推进自己的计划。面对这块土地被购买的压力，他们采取了与市场导向型商

表 7.1　社区土地信托（CLTs）的非住房活动

名　称	地　点	状　态	非住房要素	外加房屋?
布特勒社区土地信托（Bootle CLT）	坎布里亚（Cumbria）	还未正式建立	旅游业和能源	是
布莱顿开发信托（Brampton and Beyond Development Trust）	坎布里亚（Cumbria）	正式建立，逐步制定计划	临时照料和环保计划	是
新哈利（Cym Harry）	威尔士中部	还未正式建立	地方食品生产与食品回收	否
黑尔沃思东基金会（Foundation East, Halesworth）	萨福克（Suffolk）	已完成	工作空间、社区商店、社区会议室	是
高比克顿社区财产信托（High Bickington Community Property Trust）	德文（Devon）	正在讨论	工作空间	是
半岛土地社区土地信托（Lands End Peninsula CLT）	康沃尔（Cornwall）	重大进展逐步制定计划	社区农场	否
北克尔沃斯（North Kilworth）	莱斯特郡（Leicestershire）	正式建立，逐步制定计划	能源和减排计划	是
布里德波特新梅内社区土地信托（Symene CLTm Bridport）	多塞特（Dorset）	正式建立，逐步制定计划	土地配给	是
维热雷克社区财产信托（Witherslack Community Property Trust）	坎布里亚（Cumbria）	正式建立，逐步制定计划	酒吧和社区商店	是

来源：引自网站 www.communitylandtrusts.org.uk 上的记录，截至 2012 年 7 月 15 日。

业提案截然相反的应对方法。它曾通过来自大伦敦企业董事会和大伦敦委员会的 100 万英镑贷款得以完成此举，现在这些贷款已经偿还了，而未来的开发将通过商业贷款实现，并且通过租金收益、场地租赁和其他服务费用收益来偿还。CSCB 是一家有担保的有限公司，由董事会对其进行总体管控，而这个董事会的成员被规定只能来自本地社区的居民。所有的收益，都被重新投回社区而不是被瓜分掉。

目前，这个地方为 220 个家庭提供了廉价的租赁住房，并通过四个互助住房合作社运行。科因街第二住房合作社（Coin Street Secondary Housing Cooperative）是 1987 年建立的一个工业与远见协会，它通过提供建议、培训和管理服务来促进、开发和支持住房合作社。除此之外，此地还有商店、画廊、餐厅、咖啡屋和酒吧、公园、体育设施和一个社区中心。这个地区当初在设计上也考虑面向行人开放河岸，并通过小路将河岸与地块内部连通。另外，CSCB 还经营着一家社会型企业——科因街中心信托（Coin Street Centre Trust），提供儿童照料、教育机会和企业支持等服务。

不过，在这方面的尝试，也存在大量名气不大的例子。

东伦敦社区土地信托（East London Community Land Trust）也是在社区行动主义中诞生的，但是现在专注于给东伦敦地区提供保障性住房。在大伦敦政府的支持下，他们正努力在圣克莱特医院（St Clement's Hospital）旧址上建一个社区土地信托。2012 年 7 月 16 日，伦敦市长鲍里斯·约翰逊（Boris Johnson）签署的一份市长决议确立了这一提议。在招标过程中，这份市长决议要求和开发商加利福德（Galliford Try）签署一份合作契约，来修复历史建筑和提供“永久支付得起”的住房，也就是说这些住房不会在公开市场上出售而是所有权归于社区土地信托，并根据家庭收入水平决定出租价格。一旦房子被修复好，房屋和土地的永久产权将会被转到社区土地信托名下，并且林登家园（Linden Homes）（开发商的一个子公司）将通过社区土地信托以长久租约形式管理整个开发社区的商业元素，而地租将被用于再投资。

同时，在英格兰湖区（the Lake District），坎布里亚社区土地信托计划（the Cumbria CLT Project），正支持凯瑟克社区房产信托（Keswick Community Housing Trust）开发10套保障性住房（因旅游业的发展和国家公园开发的各种限制，在此地形成了人人皆知的高成本房地产市场）。这项行动，由本地的教会团结会（Churches Together）发起，主要是为了解决当地的住房需求问题。土地由圣约翰教堂提供（这块地由劳多地产（Lodore Estates）赠予，起初用作墓地），并已和主教区达成协议，对该地的估计大约为10万英镑。为了该项目，以工业与远见协会的形式成立了一个机构，但其慈善机构的身份迟迟得不到批复，因此在这一方面可能会有所改变。他们正努力和坎布里亚乡村住房信托（Cumbria Rural Housing Trust）和德文特与索尔维住房协会（Derwent and Solway Housing Association）合作来建设这些房产。

此类案例还有很多……

2011年的地方主义法案（Localism Act），鼓励这种开发信托和社区土地信托工具在更广的范围内开展实施，从而确保本地社区能够推进满足自身需求的开发。这些项目成功的关键因素，似乎是当地居民有意愿投入大量的时间和精力；此外，还需要专业的建议和支持，其中还有一个核心要素就是能够以相对较低的成本获得土地。这最后一点，将在下文进行讨论。

4 自主建设与小块土地

在上面的案例中，即使没有商业开发商，也需要有其他非商业的专业开发商和社区组织一起合作，才能有效开展。因此，这给利用社区劳动力或“人力资产 sweat equity”来进行自建房屋提供了可能。在自己购买的小地块上进行自主建设的想法在英国从未像一些国家那样受到青睐。大概是英国的快速工业化使得在城市地区建商业建筑占据了主导地位。不过，也有一些自主建设的案例。

小地块开发，就是自建住房的一个历史性案例[21]。这开始于 19 世纪 70 年代，但是在第一次和第二次世界大战后，都出现进一步（向上）波动的现象。当时的主张就是利用价值较低的边缘农业用地，来使得低收入家庭能够建造自己所需的基本住房，从而满足其休闲目的，并逃离城市的生活环境。然而，这些住宅往往被扩建和改进，并越来越多地用于更永久性居住。

1947 年的规划立法，对这一做法进行了有效遏制，因为任何一个这样的方案都需要许可；巴西尔登（Basildon）的新城设计某种程度上就是用来解决皮齐（Pitsea）和莱茵顿（Laindon）两座城市的小地块开发问题，同时使得他们在传统城市开发中合法化。事实上，这种小地块开发是可以更为美好的，这是因为原有的小地块开发的各类建筑，其标准往往非常低，而且缺乏足够的排水与供水。一个现存的小地块开发案例——杰维奇（Jaywick），就是因为它的低水准而臭名昭著。然而，居民对此看法不一：一部分人希望采取新建筑将其完全取代；而另一部分人则认为进行一点投资对其作出改善就可以了。

当然，在没有规划的情况下，由这种低收入而且往往是边缘人群进行的小地块开发，很可能会被国家和其他社会群体敌视。许多旅游目的地就存在这种小地块的开发。下面引用一条网上的评论[22]：

> 小地块开发，是解除约束的工人阶级创造性自我表达的一种罕见呈现形式。作为建筑学的门外汉，他们随机的混乱，恰恰是对控制和修剪整齐的英国景观的对立。从最基本的材料开始，蕴含了丰富的原创性，一个小地块开发的住宅可能成为能想象得到的所有建筑风格的混合体。以小矮人、棕榈树和科林斯柱式为媒介，灰泥卵石的外墙涂层可能和海盗船混搭。现在，那些小地块开发项目已经成了无人问津与无人知晓的孤立地方。虽然这些地方还保有一种强烈的社区精神，但其却常年遭受犯罪、贫困和破败问题的侵扰。但是小地块开发的人们却继续着——将古怪的私人物品加到自己的房屋上、并将它们移交给自己的儿孙们；而他们则必须挣扎地生活在这些匆匆忙忙随机搭建的房屋之中，虽然从未想过这些房子到底能够多撑几年，更不用说 80 年了。

这种小地块的开发模式，所能提供学习的，就是如何实现以低成本建造一个房子。伊恩爱贝丽（Ian Abley）讲述了一个米尔斯夫妇（Mr and Mrs Mills）在艾塞克斯（Essex）的道顿希尔

（Dunton Hills）建造一座小平房的故事。在1934年，该夫妇以20英镑买下他们的小地块的永久产权（相当于2009年1 073英镑）。他们通过抵押贷款，获得2 414英镑用于建筑材料，然后从两室一厅开始，并不断地将其扩大。米尔斯先生是一名木匠，他们还建了一个工作坊，并且在那里进行交易而不受任何许可限制[23]。

科林·沃德（Colin Ward）认为，和上述案例相似的想法，激发了那些接管当地空置的政府房产的人群的积极性。他们可以通过自己的劳动来改善这些房产，并最终把它们变为住房供给合作公司[24]。最近，生态建设者们（eco-builders）已经开始使用对生态系统影响较小的自建模式来改善开发。皮克雷尔（Pickerell）的研究已经给出了一些此类案例，但他强调指出，这些做法在获得规划许可和确保符合建筑法规方面，面临着许多问题[25]。同时，她还指出，对这些创新性的开发而言，社区土地信托的模式有可能会是一个有效的支持工具。

总体上，这些自建房只占所有新增住房供给总量的一个非常小的比例：2008年是14 000套。这个比例，在英格兰为7%，苏格兰为8%，威尔士为4%，但是北爱尔兰达到了25%[26]。目前，有一些政府采取了一些举措来鼓励自主建设，但建设总体规模是受到限制的。在2012年的5月，为自主建设专门启动了一项3 000万英镑的基金，旨在为英格兰的50个自建方案提供资金支持[27]。这将为局部地方的土地收购和早期建设材料等成本提供短期的资金支撑。最多有75%的成本，主要由贷款来支付。这些贷款在建设完成后则可以完全偿还，这是假定建成后的住房能够获得某种形式的抵押款。

有人建议，在支持这种自主建设计划方面，当地政府可以起到三个作用。第一，他们可以提供一个能够分割成可以自主建设的小地块的场地，这类似于荷兰的阿米尔（Almere）项目或德国弗莱堡的伯格仁朋（Baugruppen）项目[28]。第二，他们可以对场地进行分配而不是直接供给。现在，社区和地方政府部（Department for Communities and Local Government）的指导意见，就是要求地方当局准确评估当地自主建设的需求，并为这种形式的开发分配土地。第三，他们（必须符合中央政府的指导文件）可以将自主建设房屋归为“保障性住房”，因此可以将自己的建设所需要缴纳的基础设施征税（CIL）（参见第二章）的税率降为零。所有的这些措施，作为规划体系中所采取的一系列方法和工具的一部分，从而支持这类新型开发模式。本章的剩余部分将讨论这些问题。

5　寻找低价土地

上述这些新的开发模式获得成功运用的关键，便是获得低价格的土地，从而使得这种开发可以保持较低成本，并且社区可以从不断增加的土地价值中获得收益。问题是如何获得这样的土地。

使用公共的不动产（public estate）

要找到低价土地的一种选择，就是使用来自公共不动产的土地，最好能够以低于市场价格进行出让。正如上文所讨论的，城乡规划协会将这视为一种为 21 世纪振兴田园城市模式的有效方式。为了筹集资金，公共不动产一直以来都用于长远计划的支配安排。2012 年 5 月出版的《财产声明（The state of the estate）》报告表明，目前这一政策还在继续施行。在 2010/11 年，中央政府的公共不动产的价值就一次性减少了 2.78 亿英镑[29]。目前，中央政府的不动产价值大约为 1 200 亿英镑，相比之下，地方政府则有 2 500 亿英镑。[30]

中央政府已经明确，有可能释放一些这样的不动产供社区和中小企业使用。然而，这取决于中央和地方政府能否设计一套合理的政策来确定哪些不动产可以被用于此类开发。这就提出了一个关键问题，到底哪些不动产可以被投放到开发之中。如果其目的仅仅是筹集公共部门资金，那么政策趋势就是要寻找能够给出最高价的买家；而在市场不够稳健的特定时期，政府也可能会选择将此类不动产掌握在自己手中而不会选择将其售出。然而，中小企业和社区组织可能无法支付这种假定的市场最高价格，因此，通过社区开发和自主建设来使得可能过剩的公共财产可以满足当地的房产需求还需要不同的处理策略。这与处理已经没有任何军事活动的过时的美国军事基地的情况形成了鲜明的对比。在国防基地终止和调整委员会（Defense Base Closure and Realignment Commission（BRAC））的协调工作下，这些基地会以军事用地的价格（因此相对较低）移交给当地社区（通过当地政府）用于再开发和重新利用[31]。

依据地方主义议程，国家政府宣布地方社区拥有土地收回的权利（Community Right to Reclaim），因此当公共土地没有得到充分有效利用时，社区有权申请获得这些土地并进行再开发。这项政策，建立在 1980 年地方政府规划和土地法案（Local Government Planning and Land Act）所赋予的权利之上，这个法案简称为 PROD，也即制度处理的公共诉求（Public Request to Order Disposal）。这项法案适用于英格兰和威尔士地方政府和特定公共机构所拥有的土地，目前已经拓展到不同的政府部门。根据这项法案的有关规定，个人可以通过给国务大臣提交一个正式的请求，来尝试和迫使一个公共土地所有者针对遗弃的或者未充分利用的公有土地采取行动。然而，对这类土地所做的任何处理，一旦在公开市场实施，都必须以公开市场的价格来运作。因此，对基于社区的组织而言，要想筹集资金购买此类土地，可能会面临困难。

一个社区也可以请求当地政府强制购买任何未充分利用的不动产。但是地方政府往往不愿意采用这种相当耗时耗力的强制操作。如果地方政府确实购买了这样的地块，那么其就必须将这些资产转给社区。再次，有规定要求地方政府所卖的任何资产都要获得最好的价值，因此这些售卖又将在公开市场上进行。最后，和过去不同时代一样，政府有义务向全国公布剩余国有土地和建筑的细节，因此社区还有开发商都可以考虑在公开竞争的土地市场上购买这些土地的可能性。在第九章，我们将讨论社区筹集资金的一些方式，从而确保这样的购买得以进行。但是，由于这种销售必须以公开的市场价格进行，因此这对社区购买土地来说，仍然是一个重要的障碍。

运用规划政策

要想买到能够推进基于社区开发的较为便宜的土地，甚至是公共部门的土地，往往会遭遇不少困难。鉴于这些困难，我们可以提出另一个问题：是否可以利用规划体系来调整土地方市场中的土地价格。

所谓的“例外的政策”（exceptions policy）就是这样做的方法之一。正如在前面章节中所描述，当一个地块上的开发获得了规划许可，这个地块的价值通常会上升，有时还相当显著。尤其是在农业用地被授予开发许可这种情况下，无论是用于住宅、零售或商业的开发，当它升值时，其往往不是以一个百分比上升而是好几倍。即使从低价值的土地使用转变为高价值的土地使用开发许可，都将导致相当大的价值提升，如从轻工业到商业开发或者密集住宅开发。

例外的政策，允许在某个地区实施对这种新开发进行限制的通用政策，从而保持土地处于目前较低的价格；但是，可以以一种例外的形式——以满足当地需求的开发为目的，被授予规划许可[32]。这一政策已经被成功地用于乡村地区，它允许在绿带上进行房屋建设，或者允许在那些适用于乡村保护政策的地区建设，建成后的住房只向当地居民提供，而且通常其价格或租金都会较低。通过广泛使用这些“例外的政策”，将有利于土地以不是本地区最高的市场价格流转到社区的手里。事实上，这种政策创造了一种为了基于社区开发而形成的独立土地市场。在乡村地区，可以将这种政策土地信托进行结合，使得拥有土地的农民正式成为社区土地信托的成员，如此一来，原有的土地价格将大大下降，而用作住宅开发所带来的升值空间将会大大增加。

上述这种方法是由住在巴西尔登“前小地块开发项目中”的居民寻得的。这些小地块开发项目现在正处于指定的绿带之内。这样的指定，将阻止任何进一步的开发。但是，对土地进行重新分配以利于开发，将会使得土地的价值大幅提升。因此，居民想要一个实施填充式开发的“例外政策”，从而提高小地块土地区域的密度，并对未开发的小块土地进行建设。但是，地方议会认为这样一种填充开发的提议一旦被允许，将为其他在绿带内的开发行为提供先例，因此拒绝了他们的相关提议。

在规划体系中的先例的影响作用将在后面章节中论述，包括第九章。但是，值得赞赏的关键点是“例外政策”被写进地方规划的重要性。这些例外政策的应用，多半是基于一些变通的考虑。例如，当一般的政策规定在地方规划文件中得到了坚决的阐述和强调，而当地的社区又找到了他们希望开发的地块的情况下，可以采取这种“例外政策”。

除了上述这种“特殊政策”的方法外，还有一种替代的方法就是可以重新考虑当前英国规划体系中有关土地分配政策的性质。科林·沃德（Colin Ward）认为，英国的规划体系需要一种更自由的规划形式，从而允许小地块土地这类举措的蓬勃发展。然而，以他自己独特的风格，他警告说这意味着一次重大的文化转变[33]：

> 非官方允许的居民点被视为对不可侵害的野生动物的一种威胁。规划体系作为一种工具，支持的是四轮驱动的越野车，而不是当地的经济，并且肯定也不是那些寻求自己温暖家园的游客和居民。虽然这些人已经错失神圣的领地占有权，但他们发现自己稀松平常的愿望，在规划法案的实施下依然无法实现。事实上，没有人去规划这样一种处境。没有一个专业的规划师会声称他/她的任务就是要消灭现有的非官方许可的住房，并且也不会有任何地方建筑法规（Building Regulations）的执行者会这么做。

这些问题，很大程度上取决于如何起草并修订土地分配政策：它可以允许自主建设政策，也可以只允许特定的生态建筑方案；或者可以支持任何基于社区组织的开发，然后让社区组织恰当的规划人员协商寻求合适的开发方式。修订土地分配政策以支持基于社区的开发（不仅可以通过授予开发许可加以影响，还可以通过保持地块价值较低的方式来影响），其中关键因素是在进行严格区划时需要交代清楚如下这点：划定的地块不能被开发商购买来用于一般的市场开发。此外，如果某些地块被限制为基于社区的开发，那么该地块的分配应该建立在与当地社区组织进行充分讨论的基础上，从而确保能够找到大家都认为合适的地块用于开发。

然而，必须认识到，本章所述评的各种新的开发模式能够为社会发展做出贡献是有约束条件的，它必须以当前人们偏爱的重大价值观的转变为前提，否则其作用将受到严重限制。然而，所要求的这些转变，不管其是否指向那些替代模式和/或回归公共住宅建筑，都是满足住房需求的关键之所在。在上述两种情况下，都需要通过规划体系来对土地进行分配，方能实现高水平的低价住房的供给。

第八章
保护和改善建成的场所

增长依赖型规划的本质，无可避免地以土地和房屋价格的增长作为规划成功的指标。然而，还存在各种类型益于城市和城镇的宜居性很重要的建筑、空间和场所，却具有相对较低的经济价值。实际上，正因为较低的经济价值，它们在低收入家庭的生活中起到重要作用，也在很多方面有利于地方的可持续性。这一章节关注规划体系如何能够保持这样的建筑、空间和场所以满足现有社区中各类人群的需要，在改善质量的同时能保证它们对低收入社群仍然可获得。

这一章节从关注规划体系如何保护现有的土地利用不受（再）开发影响来保护现有社区谈起。首先，考虑规划调控的作用，既作为一种限制发展压力的直接手段，也作为一种重组土地和房地产市场的方式，以保证低价土地利用不被高价土地利用替代。这涉及到仔细考虑规划调控的角色，以及在规划中规划调控怎样受政策支持，对第七章开始讨论的问题进行展开。接着，考虑现有的土地利用和场所怎样得到提升。这包含两个方面：一是包括能源效率在内的建筑标准的改进；二是地方场所的改进，包括有居住中心和市镇中心和它们重要的零售功能、中小型企业空间。最后，从关注住房、商业地产和场地的视角，本章思考与空置土地和房地产相关政策。

1 保护现有土地利用，避免开发压力

规范开发提案

我们已经深切体会到，现有土地甚至是社区用地被市场导向的新开发取代时，增长依赖型规划最大问题的方面便会显露出来。这提醒规划体系有保护这些场地、场所和邻里的需要。目前为止，可用来实现这一目标的工具相当有限，甚至在应用中还很粗略，会带来相当多意外的后果。规划调控是抵御开发压力最主要的手段。这种调控包含大量相互关联的内容。首先是基准要求，土地变更在内的几乎所有新开发都需要满足基准要求下的规划许可。这显然带来了拒绝提供许可的可能性，限制新开发项目。

在历史建筑、重要树木、保护区等有特定特点的建成环境的条件下，这种调控可以通过额外的注意事项和要求得到增强。对开发的限制也可适用于有自然保护重要性的栖息地和/或生态系统的部分区域，以及很大程度上是城市以外的地区的景观价值、接

近乡村的地区，——这类土地价值、可达性和可享性应予以考虑。

当然，对新开发持反对意见的各种依据，其数目是确凿可证的。这就给人这样一种印象：规划体系在很大程度上就是管理并详尽区分这些对开发的限制。这往往造成大大小小开发商们怨声载道。不过，如第二章中指出的那样，将规划体系视为城市开发固有的制约偏见值得警示。一些规划手段如“综合开发许可规则”(General Permitted Development Order)和使用分类规则(Use Classes Order)，允许某些开发（包括某些使用变更）在不需规划许可的情况下进行[1]，此外还有一些支持(可持续)开发的一般性假设，如 NPPF[2] 中列出（符合地方和邻里规划）的那些，影响着对单项规划申请的决策。这些削弱了保护低价土地的可能性。

那么这些土地利用可以怎样得到保护呢?

一种最直接的可能就是规划调控阻止现有的低价土地，包括住房用地在内，被再开发而作高价用途。这里涉及到两个问题。其一是关于低价社区对调控过程的影响。其二，即使此类群体的呼声得到关注，现行的规划调控仍难以达成令人满意的结果。

社区参与调控决策对决定现有土地的利用是否应受到保护来说极其重要。从整个社区的角度来看，再开发可能是人们所期望的。但是，过去拆除和重建低价居住区的做法也表明，社区通常是希望规划体系能保护和提升现有的存在。这些群体的呼声在地方规划中得到关注是很重要的。社会弱势群体以及环境利益问题在规划争论中难以占得一席之地的问题，即使是在规划研究中的一种主要思想前提和当务之急。似乎如果开放参与规划决策的机会，那些时间充裕、资源富足和对规划体系了解的社区，就会难以避免地占有规划者大量时间和资源，因而这些已经拥有各项设施的高收入群体在争取设施方面仍会有更大的优势。想让低收入群体在这样的决策中获得更大席位，从而实现平等的可持续发展，要付出相当大的努力。

这不仅仅是过程的问题。规划体系中有一些结构性特点，阻碍优先考虑弱势群体的意见。能用以拒绝规划许可的理由很有限，而且它们往往把重点放在土地使用而不是基于土地使用的特定社会需求上面。规划控制目前局限于调控新开发和土地变更。它不能阻碍如综合或高端零售替代折扣店，或旅游零售替代地方肉店或面包店这样的土地利用变化。因此，规划体系不具备区分不同社会群体，继而对不同社会群体利用土地采取不同决策的合法性。然而，如果低收入群体利用规划调控抵制有害开发的能力，要区别于高收入群体为了继续享受他们当地已有的先进设施而反对开发的邻避主义，规划控制还是必要的。

这表明我们需要多加思考，在规划文件中如何确定保护不受开发压力影响的低收入地区，应为规划调控的特定焦点之一。我们需要规划调控可以辨识出这类区域，并保护维持低收入群体生活方式的特定资产和土地利用，以此促进平等的可持续发展。规划体系需要能够区分保护的是被低收入群体用来生产食品、支持更健康平价饮食的城市农场，还是诸如为高收入住房提供美化环境的封闭的城市空间的区别。

现行规划可使特定资源引入到这类区域的邻里规划当中，但更必要的是创建规划调控的新形式。这表明应设立一类诸如“支持公平可持续性的社区资产”，用来作为管理决策的基础。设立这样的规划决策基础不一定就能克服关于发展提案的地方冲突，即使冲突发生在仅仅一个受影响的社会群体中。但它会为对地方需求有利、贡献更多可持续城市成果的土地利用提供一些保护。

相比之下，当前对规划调控的变更正在放宽某些方面的规划管控，并允许市场过程来决定土地用途。有五种这样的变更正在进行中（关于用途分类准则的详情见表 8.1）[3]：

表 8.1 2012/13 用途分类准则

A1 商店	B1 商务	C1 旅店
A2 金融和专业服务机构	B2 常规企业	C2 居住单位
A3 酒店和餐馆	B3 仓储或配送	C2A 安全居住单位
A4 酒馆	D1 非居住单位	C3 住房
A5 热食外卖	D2 集会和休闲场所	C4 多用途房
单独类别如剧院、洗衣店、废品站、赌场等的多种用途		

来源：www.plainview.co.uk

- 在三年期限内，商务（B1A）用地可以转换为居住用地（C3）；
- 商店（A1）、金融和专业服务机构（A2）、酒店和餐馆（A3）以及商务（B1）用地，可在最初两年内相互临时变更用途；
- 商店顶部的架空层可以转换为两层或一层公寓；
- 无需规划许可的住户开发的冗余；
- 可以变更为其他非居住用途的农业建筑。

这样的调控放宽常常被反对，即使是在原则上的建议。不过，不是所有现有的土地利用方式都适合维持不变，或者不必要维持不变。当经济增长或重组向着理想的方向发展时，土地利用变更可以促进积极的成果。一定程度的灵活性对于城市变迁是很重要的。

但市场条件下的调控放宽有害地方生态。如同这里强调的，有时低价值土地利用可以起到重要的地方社会和经济作用。例如，在一些地点开发住宅的高额盈利会威胁到中小企业或个体经营者的处所，促使土地利用的变更和相关的整修。在其他地点，当存在过剩和空置办公空间时，调控放宽可以足够多地降低成本，来鼓励急需的住宅开发。

重组土地市场

规划调控不仅在限制特定的开发提案上，保护现有土地利用的社区价值起到重要作用，它还具有更普遍的作用。这涉及到此类调控构架地方土地市场。此处强调的不是针对个体开发提案的调控,而是明确确定允许何种跨地区开发的政策对土地市场的影响。

跨地区地方地价模式取决于规划体系许可的土地用途分布与开发市场的压力分布之间的相互关系。任何场地的土地价值都是由许可的土地用途与该用途在市场作用下能取得的最高价值相结合决定的,因为土地和开发市场间的竞争倾向于推动场地达到“最高和最优”土地利用，即市场意义上的最高价值。因此，对允许何种土地利用和开发的明确界定将有助于塑造地方土地市场。说明了这些界定的规划将有助于土地价值与对许可土地用途的市场估值达到一致。不过，有两方面需要考虑。

其一是开发者和土地所有者认定土地配置转化为规划许可与否的确定程度。一经批准即可根据它自动确定开发许可的区划体系最有可能构架地方土地市场,通过将价格映射到许可用途上来。

但是，英国的体系不是区划体系，而是需要单独规划申请，且每份申请都是在参考地方规划和“其他重要因素”后，根据它自己的价值评判。这就意味着任何个体规划申请都必然有被拒绝的可能，但也意味着在未来的规划中，一个看似应被配置为另一种土地用途的场地有取得开发许可的可能。

的确，在英国的体系，有强烈的鼓励机制推动在规划中对没有明确分配用途的场地的规划许可。这让开发商们通过购买更廉价的土地，而非那些已被严格分配用途的土地，获得额外的利润。这也使得当地土地所有者们发现了一丝“期望”价值，即现存土地利用价值与取得某一规划许可后的土地价值之差。因此，开发商和土地所有者们都很可能放宽地方规划中判定可允许开发的界限。问题解决方式是更严格地按照规划实施规划调控，并尝试避免这种规划外的开发。但在地方规划中还存在其他阐明规划调控政策细节的问题。

这又回到了前面章节和本章前面内容探讨过的规划调控如何运作的细节上。如果给予一个场地变更或开发为宽泛类别——居住或者是就业增加——的土地用途规划许可，那么市场就会发挥它的动态竞争力来选择该场地最有利可图和最高价值的利用方式。没有哪条经济学原理会不寻求开发盈利更多的房产新类别，或者，选择增加就业的商业而抛弃工业。如果地方规划要通过支持通过低价值活动以满足地方需求来构架土地市场，就需要不同种类的规划调控政策。

这里要考虑五个方面的内容：联系规划许可与土地所有者而不仅仅是与土地利用关联；把用地规模作为规划调控的基础之一；在某些情况下支持更高密度的开发；重新重视混合用途开发的作

用；以及重新思考先例怎样塑造规划法规。我们将依次讨论每点内容（本书中对规划调控的其他观点一起，第十章中提出革新观点汇总）。

我们之前探讨过，现有规划体系的主要局限之一在于将特定规划许可与较粗放的土地利用类别关联，仅仅依靠可商议的规划收益和附加条款来细微区分。有人主张说如果有可能以占用对社区有价值的土地带给地方社区公正和可持续性为理由，拒绝一个规划申请，将对公正可持续发展制定的规划议程有所助益。在考虑规划调控如何辅助构架地方土地市场时，也可以认为，如果规划许可能够符合土地使用者的特性，而不仅仅是土地利用类型，那么这将能够帮助推进这一议程。

这一主张的一个很好的例子就是规划为中小型企业房产提供负担得起的工作空间。菲尔姆（**Ferm**）的研究已经详细验证了这样的规划[4]。她着眼于力图利用规划收益实现保障性工作场所作为新开发的一部分的政策，辨识了一系列增长依赖式规划潜在局限的问题。鼓励混合利用开发的规划政策（包括在大量的居住开发中提供保障性工作场所），实际上正在排挤掉现有的低价产业空间。事实上，这些政策有利于某些种类的活动，例如创意产业，而没有满足创业公司、刚起步的企业、低价制造厂商以及小型家庭经营零售业的需求。

负担能力在实际操作中常常无法达到许多当地企业的需求，原因之一就是租金太高，且由于市场机制的运行，可负担性只能在首次出租或出售后的短期内得到保证。第 106 号法令往往只规定短期租赁条款和工作场所提供者的成本，而未规定租赁者的成本，不能保证本地低附加值的企业受益。一般来说，这些政策倾向于支持某些类型的业务，这将导致一个区域的进一步贵族化而不是商业活动经济多样性。她认为，要避免这种情况，应采用非营利目的的工作场所提供者，也就是着眼于为特定类型所有者提供场所。这可以通过更有针对性的规划法规来实现，如果法律允许指定特定类型所有者被筛选的话。

在零售行业，伦敦威斯敏斯特市议会通过严格规定某些用途，变相采取一种基于区域多种方式，有效地将土地用途与特定类型所有者联系起来[5]。他们的特殊政策区的政策被用于相对较小的区域，例如一条街，在那里他们试图保护有独特用途的小面积土地不被其他形式开发影响。这种方式目前正用于保护萨维尔街（Savile Row）的男装剪裁传统区域。然而，用途分类准则（Use Classes Order）的实施使这种保护受到很大局限，因为它只是一个指令而非管理条例。这就需要规划改革，来拒绝变更用户类型的新开发。如果这可以实现，将有效地限制这些街道中地产的价值。

规划管理可以重组土地市场以保护低价值土地利用的第二个方式是制定限制新开发和变更规模的政策。在意大利，特别是在市镇中心，零售规划政策以前有利于小型单位而限制大型单位。英国可以采纳这种规划来保护小商店不被重建变成大型综合体，也将改变如二、三级购物地点的更小单位土地价值。

密度政策是一种行之有效的规划工具，但它们激励开发和影响土地价值的方式很复杂。鼓励高密度开发这一方式广受青睐，它可以创造更多可持续发展的城市形态，并从而达到缩短出行距离、以步行和骑自行车作为交通工具以及更多照顾本地服务的效果（不过在各地公共交通节点和路线周边进行高密度开发被广泛认为是至关重要的）。但高密度开发还有其他优点。在其他条件不变的情况下，更密集的开发更加有利可图，且第三章解释过的，允许规划争得更大的利益。高密度开发还提供了一种前景，即以更大量的开发抵消制约新开发的政策的影响，即使是以保护对社区和地方的可持续发展有价值的资产和土地用途的名义。高密度开发很可能包括更小的单元，可要求更低的价格。在美国，高密度的小型住宅开发通常以市场最低价售出，而低密度政策往往用于高收入家庭新住区的社会化工程。

第四，要求混合用途的政策以一种有趣的方式调控地方土地市场。这些政策可以通过对服务的需求鼓励混合不同社会群体及其持续对当地产生的影响。在伦敦利文斯通（Livingstone Mayoralty）市长任期时，对经济型住房占住房开发的高比例要求就有这种效果。该做法因为相较异地开发，创造过少的新社会住房单元而被批评。但是，这种做法的确通过在有高级私人部门需求的区域内建设更多的保障性住房单元，带来了社会领域的进一步整合。然而，这个例子和上述对非尔姆（Ferm）的工作的讨论清楚地表明了，混合使用政策需要与能在一定程度上指定新开发性质的规划法规相结合进行操作。

最后，还有先例在规划管理中发挥的作用。实施规划管理过程中会产生的一个问题是，对某个特定开发作出的决定可以创建用于未来决策的先例。对特定社会群体特别是弱势群体的当前影响，而不是将管理决策联系到过去的管理决策，需要得到更高重视。

此处有关规划管理的讨论，同上一章讨论规划管理作为产生新开发的一种替代机制是不同的，这是因为此外的讨论在很大程度上是假设性的。本章讨论的是需要落实到位的改革，而不是正在发生或过去已发生的替代开发活动的例子。因此，还有相当大的余地对这种管理改革如何微调、如何适应规划法律进行争论。不过，我们这里的说法是，满足社区的需求，公正可持续发展议程取得进展，有些规划管理改革是必不可少的。

这些讨论的大部分内容是关于保护区域和场所不受增长依赖性开发所鼓励的市场导向开发的压力影响。然而，在经济需求疲软的情况下，在努力促进公正可持续发展中面临的规划体系的地位不可同日而语。可用于低价值用途的场所将不会断供，甚至可能出现所有地区都有空置场所的情况。针对这种情况的基于增长的规划方法不再是争取低价值机会，而是要试图将开发吸引到某个区域中；然而，低市场需求可能会限制这种方法的有效性。本章的其余部分将探讨一些具体的替代方法。

2 提高住房标准

第六章清楚地解读了住房标准是目标适居和公平可持续规划议题中一项关键的要素，而且还指出现代房地产市场的不足。处理这些标准问题的方式通常需要对促进公共和私有住房市场的混合补贴，与这些标准的规定共同实施。规定在私有租用市场特别重要，但是处于经济弱势的很多租户（包括学生，新移民，和享受租房补贴的人）使得这些规定难以实施，更强化这些规定的效果。

住房标准的一个方面证明了，社会和环境可持续性的紧密的联系关注于宜居和解决燃料的缺乏。这里有提升住房标准和同时提升能源效率之间的空间，同时减少能源的费用和碳排放[6]。这种情况下，虽然在获得直接补贴而非部分补贴和贷款的低收入家庭之间存在经费紧张的问题，但补贴基本上还是作为一种政策措施被采用[7]。

在一些案例中，改进的更综合的方法得到采纳。布伦特住房互助组织（Brent Housing Partnership，BHP）提供了一个很好的案例，尝试在布伦特（Brent）的尼斯顿（Neasden）北环路（North Circular Road）的布伦特房地产项目（Brentfield Estate）中提高能源使用效率。整个项目包含 114 户房屋的外部绝缘镀层和 84 户的光伏管，整个项目占到了住区的 1/3。阁楼的绝缘层、窗户及门的双层玻璃和在马利（Marley）使用的生态新屋顶也被安装，这种方法可以减少一氧化氮污染。因为处于路边，这是提高当地空气质量的一项创新[8]。

这是基于很多一般地区改进的经验。1960 年底和 1970 年底"一般改进地区（General Improvement Areas）"是一项尝试改进综合设施、街道景观和建筑单体构造的政策，尝试提升质量而不是再开发[9]。但是这项政策的难点是可能变成一项绅士化的路。政策证明了做出这种改进的挑战是找到一种方法避免带来的益处会内化成部分房价和房租的提高。科伦（Curran）和汉密尔顿（Hamilton）创造"仅仅是足够绿地"术语来建议环境改善不要形成绅士化现象[10]，在讨论一项美国特定项目的时候他们呼吁（1028 页）：

> 理想的是，纽顿克里克的清理可以获得仅仅足够绿地，来改善当地居民生活健康和质量。而不是这些直观的绿地吸引高端标榜着"可持续"的住房发展项目，将工薪阶层和工业产业赶走。

他们呼吁重视那些不那么直观可见方面的改善，这些方面的实现往往是不太容易通过市场需求的运作进而提高（住房）价格来实现的。能源使用效率是不显著影响房价和租金的一项较好的措施。

3　市镇中心的提升

低价的购物中心具有很强的空间尺度。什么样的购物中心算作二级，什么样的购物中心算作三级，通常是根据其区位来定义的。处于零售行业首位的店铺实体，通常能够在购物中心的主体（可能是城镇中心也可能是大型购物中心）部分找到。这些地方，通常都具有更多的步行人流，都有如玛莎百货（Marks & Spencer）和布茨（Boots the Chemist）等大型综合零售店，周围还会再分布一些其他的综合零售店面。而二级购物中心一般位于离镇中心比较远的位置，或者在大型购物中心的边缘走廊上。其特点就是会有更多的非零售的活动，包括博彩商店、房地产中介以及其他一些更加独立的商店。三级购物中心距离大型购物中心就更远了，通常分布在外围道路两边，也可能单独形成独立的社区步行购物场所。从这上述三个术语字面来看，就可以估计到和二级零售物业相比，三级零售物业的市场租金价格会低一些；而和首位零售物业相比，二级零售物业的租金价格则会更低。

关键问题是，不同零售店如何满足全部当地社群购物需求。当然，昂贵的和非日常的购物场所不均衡分布在最好的地段。打折商店更倾向分布于在第二或者第三类地段。是否在地价较高的位置让地方性购物强迫付出比综合商店更多的代价来获得一种均衡有较大争议[11]。但是，提供一系列满足多种购物的机会有很明显的益处。增长依赖型规划缺失这些，因为它鼓励通过吸引高经济附加值的商业来获得经济增长。一项关于研究第二类商业的研究显示了对低价值商业重要性普遍的低估[12]。

关于购物中心健康的衡量标准，中央政府的政策严重倾向于通过租赁价值和空置率作为首要指标的单一标准。1993 第六号规划政策导则解释（PPG6）衡量中心活力和能力只通过最好地段的空置率；1996 版本延伸衡量手段至次要地段的空置率，但不是租金。从 1996 年至今，市镇中心一直吸引一系列新发展项目至中心内部。要求新的零售设施首先放置在市镇中心，其次是市镇中心边缘，再次是地段中心，然后是市镇边缘。

虽然购物设施的多样性已经受到了日益重视，但在规划上却并不成功：商铺的临街空间缺失，并伴随着上涨的租金。这是增长依赖型方法又一次使然。与此不同，我们有需要规划并保护丰富多样的购物单元，包括在租金或价格方面的多样性。CB 希勒 · 帕克的一个报告强调现行规划政策和规定的问题。他们讨论到[13]：

> 现在，“规划师们”在“地方规划（Local Plans）”中的意图是基于对改变的抗拒和控制。所以大部分地方规划限定了首要和次要商业门面；同时规定“使用和发展项目对变更首要空间门面 x%和次要空间 y%被非 A1 零售使用的不予发放规划许可”。非零售使用被认为是负面的，主要是因为他们被认为破坏购物者浏览连续性，导

> 致购物者不愿意去的门面终结或者断点。当然，这是过分简单化的反映，忽视了很多非零售用途是步行交通的持续孵化器的事实，如咖啡吧、银行，或者行会等。在市镇中心对这些和首要的、次要的购物区的功能关系和联系考量较少。

那么哪些恰当的政策可以被介绍？

国家零售规划论坛（The National Retail Planning Forum）已经提出一些建议[14]。例如，他们强调公共领域的改进很少涉及次要区域，也不能延伸到小规模的街区和邻里中心。这可能是一些特殊项目、选址特殊或者目标是邻里步行道的目的地。拿伦敦七姐妹路（Seven Sisters Road）做例子，街道远离天街的主要商业，但是有一个通向室内市场的入口和一些折扣店。这里有一些公交车的站点，一些酒鬼经常聚集在这些站点的座位旁，于是这里便成了商店主和等公交车的学生们厌恶的地方。这些座位被改变，还有一些其他的小调整，使其变成有用的公共空间。另外一个例子是哈林格区（Haringey Borough）议会投资的座位项目，提供了一个公交站旁停靠区段和社区步行道的小条凳。这些小的改良增加了步行道的使用价值和便利。国家零售规划论坛还呼吁对缺乏次要区域商铺维系的关注。这种关注能带来投资，一个典型的例子是，在伦敦奥运会举行之前，对东伦敦雷顿次的第二购物街进行了投资，对一些新的街道家具和门面进行了粉刷[15]。

更普遍的是，有必要认识到低价值零售领域在所有规划决策中的重要性。例如，伦敦舍佛德·布什（Shepherds Bush）的 W12 中心是构建一个成功的购物中心可能需要很不同的想法的例子。舍佛德·布什在近年已经受到西福德（Westfield）购物中心开业的影响并发生变化。大型商业的溢出效益为地方性商业带来了相当大的额外购买力，但也改变了本地现有商业的竞争格局。有些商场蓬勃发展了，而有些则没有。W12 中心被设计为一个街区购物中心，但现在由一些低端商城、折扣商店与一些空置门市主导，规划设计了多种用途来继续为此中心带来活力。泽拉·布莱雅（Ziella Bryars）探讨了基于一个现在空置的麦当劳和二手家具陈列室的免费图书项目。在空置门市和剧院之间设置了一个美容院[16]。然而，这样的活动在缺乏当地政府的支持和增长依赖型成功商业构成的观点下，面临着重重阻碍。

国家零售规划论坛提议，由开发商提交的“零售影响报告书（Retail Impact Statements）”所支持的规划申请应包括对次级（亦或其他级别）零售布局的影响。他们还认为，现有的市镇中心管理举措需要考虑这些核心黄金地段旁边的区域，并理解有助于维系每处购物点业务盈利水平的相互联系。

最近以零售顾问和媒体人玛丽·波塔斯（Mary Portas）为首的波塔斯（Portas）项目，是一个传统的增长依赖规划和更富有创造性的想法的有趣组合[17]。一方面，它力求为市镇中心带来市场主导的经济发展，并创造在租金上涨的同时却降低空置率为标志的成功。另一方面，它建议了一个可替代零售领域的，更多样化的愿景。在最初的报告中，该项目旨在通过竞标使市镇中心成为波塔斯项目试点，这将为他们带来平均略低于 10 万英镑的资助，同时获得中央政府、零售行业领导人以及参与波塔斯项目试点网络学习同行的咨询与支持。超过 370 份申请，12 份被选中，每一个都有相当不同的侧重点。另有 12 个试点将会公布，此外在伦敦还有三个由大伦敦政府（Greater London Authority）资助的试点。政府公布的补充措施包括一个100万英镑的“未来天街X-资金”项目，为市镇中心提供“创新并有效的方案”；还有一个国家市场日、市场14日嘉年华，以及一项50万英镑“商业改进街区基金”来帮助市镇中心来获得启动贷款。这些措施不是为最优地段提供帮助的，因此非常有用。最近的报告显示项目实施中的问题需要被重视。

盒子8.1：首批12个波塔斯试点（Portas Pilots）

· 贝德福德，贝德福德郡（Bedford，Bedfordshire）：支持指导和空置不动产的社区使用；

· 克里登，伦敦（Croydon，London）：在一个2011年骚乱影响的片区创造一个市场、食品和文化街区；

· 达特福德，肯特（Dartford，Kent）：为商户老板创建一所学校，开放一处社区组织使用的空间；

· 贝德敏斯特，布里斯托（Bedminster，Bristol）：人力自行车设施，检查停车设施，关注街道艺术和街道剧院；

· 利斯卡德，康沃尔郡（Liskeard，Cornwall）：野外营地，艺术场地；

· 马尔盖特，肯特（Margate，Kent）：培训课程，工作俱乐部设施和窗口式商店；

· 马基特雷森，林肯郡（Market Rasen，Lincolnshire）：恢复市场的风貌，免费停车，培训；

· 尼尔森，林肯郡（Nelson，Lincolnshire）：青年人的咖啡店，运动设施，新艺术和古董市场；

·纽比金海岸，诺森伯兰郡（Newbiggin by the Sea，Northumberland）：广告牌优化，改良当地交通，窗口式商店；

·斯托克波特，曼彻斯特（Stockport，Manchester）：艺术创作综合体，户外影院，新停车策略，街道守护；

·提兹河的斯托克顿，提兹河岸（Stockton on Tees，Teesside）：生活娱乐设施、市场来促进夜晚经济；

·伍尔弗汉普顿，威斯特米德兰（Wolverhampton，West Midlands）：公司支持，联合品牌和社会化媒体；

一类商铺被波塔斯（Portas）认为在创造当地的经济活动中特别重要，即当地市场。很长一段时间，市场被认为过时了，现在出现复兴，可以采取多种形式，如传统的露天农产品市场或室内的折扣店或是农民临时市场或高价值的工艺品市场。这些对于满足日常生活高质量购物需求非常重要，是一种不同于专注于临时的、旅游的和休闲购物者的商业。难点是保持对既有社区的价值[18]。一个有趣的例子是在斯托克波特（Stockport）的青少年市场，是专门为年轻人推销产品和项目提供的设施，同时提供音乐和喜剧表演的一个购物街区。这一举措，由 17 岁的汤姆·巴勒特（Tom Barratt）领导，也带来给予年轻人是城市主人翁意识的意外作用[19]。艾尔莎（Aiesha）的研究突出强调需要提供具体的规划和管理政策支持当地市场[20]。

4 中小企业所需的空间

中小企业的经营场所尤其存在被重建的风险。经营场所的低价值被认为是落后和被遗忘的空间。当前的用途往往被视为临时性的，随时可以搬迁，不论他们一直在那里多久。这些场所是城市拼图的小构成。传统上，他们甚至被视为消极的邻里，应该被搬迁让位给更有序的工业和商业空间。这划分土地用途，并将它们分区划分为不同的片区的传统的一部分。现在人们认识到，综合用途经常给聚落带来更大的活力，这些非住宅用途是支持地方经济发展的价值创造链的一部分。

然而菲尔姆（Ferm）的工作已经表明存在保护这些工作场所的阻力，特别是在重建可能前提下[21]。这需要新规划政策来支持既有的土地用途，即使土地价值升值也拒绝重建方案。如果这些用途更充分地促进当地经济，或许损失一些与凌乱活动有关的肮脏场所，需要针对当地环境中小规模场所改善。在诸如停车、交付以及运营时间等事项上，当地居民和企业之间谈判创造一个更融洽的邻里，并在原地建立一个强大的关联。

此外，菲尔姆（Ferm）发现开发商并没有重视采取这种形式。这些政策的结果往往是小企业空间"撒胡椒面"式布局，从而未能使当地活跃的经济集聚。菲尔姆呼吁规划政策，以保护就业场所，防止其被事实上创造非常有限就业潜力的综合用途的发展替代。对孵化器单位的初创、年轻企业和支持独立的零售和服务商业的政策非常重要。

5 空置的不动产和土地

至此，本章大部分思考如何管理现存的不动产、住房、商店和小型工作坊。然而，还有其他潜在可能，特别是空置的不动产和土地，可以被利用从而有益于地方社区。

空置的住房

低价住房的另外一个可能的来源，是空置住房的再利用。虽然在很多时候，任何市场需要保持一定的住房空置率来确保市场的运行，但是英国的空置住房的数量还是比较高的，在私有部门和公共部门普遍存在这种情况。根据 2011 年的数据，英格兰有 720 000 的空置住房，其中有 279 000 套的空置时间超过了六个月[22]。有 40%的空置住房属于私有部门，剩下的则全部属于城镇议会（council ownership）所有。然而，这些数据只是一个低估的数据，比如说，因为有城市更新的预期，很多住所的居民实际上已经搬出，这部分通常没有计入；再比如，很多私人企业在开发过程中，由于害怕受到经济下行对销售前景的影响，他们会在房子快建好前停工，既避开销售压力，也避开建完后要缴纳的城镇议会税（council tax）。

目前，政府划拨了 1 亿英镑的资金，作为通过“综合开支审查资金”（Comprehensive Spending Review）的一部分，以推进对空置住房的再利用，使之成为“2011 住房战略”（2011 Housing Strategy）中的“保障性住房计划”（Affordable Homes Programme）

的重要举措[23]。目前（2013 年），这项资金已经增长到了 1.6 亿英镑，将分别用于社区和志愿群体的空置住房处理。但是，预测可以实现的空置住房再利用的数量是非常有限的，至 2015 年可能只有 11 000 套左右。“住房与社区代理机构”（Homes and Communities Agency）在实施空房处理过程中的方法包括两个方面。一方面，他们提供技术培训、相关知识传授和支持。有一个基于互联网的“空置住房工具箱”（Empty Homes Toolkit），可用来提供相关信息和优秀实践案例。另一方面，他们还开发了一个基于 GIS 的互动式“空置住房规划工具箱”（Empty Homes Mapping Toolkit），在底层超级输出区域的尺度（Lower Super Output Area）（也就是说，能够提供非常精细的尺度）将有关空置住房的各种来源的信息汇集在一起。

然而，仅仅提供信息和建议可能是不够的。空置住房的处理还涉及到金融和土地所有权的问题。就如何改进一些金融激励机制，从而促进空置住房的再利用的问题，已经有不少好建议。皇家特许测量师学会（Royal Institution of Chartered Surveyors）认为，现有的金融机制会激励地方政府再利用空置住房的动力不足。这是因为对每一套空置住房来说，城镇议会都能够从中央政府得到额外的资金，因此将这些空置住房重新转入使用就意味着要降低地方议会收入。为此，有必要在议会税收收入中扣除相应的国家划拨份额[24]。还有人指出应该将住房翻新工作的增值税降低到零，而目前仅降低空置住房工作需要缴纳的增值税税率而已[25]。交易联合大会（Trades Union Congress）则提出，应该对空置住房增收更高的议会税，政府目前正在考虑采取这项提议。另外，还有人倡导“场地价值征税”（Site Value Rating）政策，在此制度下，任何一块土地都需要根据其设定土地利用类型缴税，即使空置的也需缴税，从而抑制建筑被长期空置（不过，在此政策下，可能会有促进增长依赖型规划蓬勃发展的风险，因为高地价能够带来高税收）。

还有一种观点，认为将空置不动产转入到新的产权所有者手中有助于提升其利用率。地方当局可以利用“空置住房管理法令”（Empty Dwelling Management Order）来对抗那些拒绝将空置住房转入使用的行为，在处理极端令人不满或对公共安全有威胁的住房时，更应如此。在某些情况下，政府可以对空置住房进行强制购买措施[26]。如果有一些空置房是属于继承所得，那么房子本身在被投入市场运作前，可能需要进行相关整修。那么，地方当局介入整修工作，可以作为一种推进重新利用的保证。当然，房子周边的邻居也可以授权购买或者租赁这些房产，对其进行修缮后投入使用。这些邻居有动力去做这样的工作，因为将一些荒废的建筑重整并重新投入使用，能够得到相应的收益，但是这项工作的开展可能需要特定形式的抵押资金的支持。

空置的商业不动产

空置的不动产，既可以作为需要市场导向规划的信号，也被视为实施这种方法失败的标志。目前，已经有一系列的行动希望能够将有效的活动引入这些空置商业不动产，以改善地方的环境——这是因为空置的不动产，是从来不会改善地方环境的。此外，还有观点认为将这种活动置入空置空间，有助于减少安全和保险的成本，因为入驻实际上是另一种保护不动产的形式，也是对不动产的一种广告宣传，有利于长期的商业租赁。

商店铺面是这种方法特殊的关注点。在 2010 年的一个报告中，咨询公司 SQW 宣称，英国的空置商店大约有 25 000 家，占据整个英国 13%的零售单元。[27] 然而，他们通过核算发现英国现在正在进行的 250 项商店改造项目，其中 75%是在空置商店基础上。活动包括办公室、住房、小酒馆、礼拜场所、车展展厅和建设工地（下文有更多论述）。“空置商店网络”（Empty Shops Network）是提供建议、宣传和帮助等综合服务的团体，让空置店铺能够被利用起来，利用周期可以从几天到几年。这些“跳跃式”利用（‘pop-up’ use），有利于创造有活力的店面和提供有用的服务。此外，通过展示这种使用方式带来的好处，这种方式本身也作为推进市场空置商铺能够被新的长期利用的一种触媒。如果空置店铺的使用者来自当地，空置店铺的再利用还会带来一些地方经济收益。

“空置商店网络”是各种直接商业建议的有趣的集合，以创意性组织和社区组织为基础。而最初的“跳跃式人群计划”（Pop Up People Project）实际上是一个行动研究项目，受英格兰艺术议会（Arts Council of England）的资助，获得资金的方法是通过“天街 100 家”（High Street Hundred）的众筹资金（下一章有更多关于众筹的论述）。在 2011-2012 年间，这个项目在不同地区组织了一系列的活动，展示了“跳跃式”现象的潜能。艺术议会（Arts Council）的参与，展示了这些空置不动产的重要利用方式是文化活动。根据 SQW 的报告，目前对这些空置不动产的临时性使用都和艺术及文化相关。“更新澳大利亚”（Renew Australia），作为“共时利用（meanwhile uses）”的主要倡导者，特别强调这种利用方式；而作为这项活动的创立者，马库斯・韦斯特伯里（Marcus Westbury）

认为这种使用方式是澳大利亚的纽卡斯尔市复兴的根本[28]。

伦敦的斯皮塔佛德市场（Spitalfields Market），就是采取增长依赖模式再开发的一个例子。在各种重新修缮的历史市场建筑内部和周围，分布着各种工厂店、咖啡店和新商业建筑。在其漫长的开发过程中，小市场在接近荒废的原址上发展，一系列创意性临时性活动进驻。杰基·萨迪克（Jackie Sadek）说这“将这个地方的名字鲜活地保存了下来，同时也使得斯皮塔佛德——作为一个鲜活的市场存在——充满了各种历久弥坚的品牌。这些方法虽然非常有创意，但还仅是权宜之计”[29]。此外，她还强调这个政策也能够给开发商带来很多好处：“这些活动必须要以社区为核心……作为一个古玩和收藏品市场，斯皮塔佛德除了拥有一个临时的游泳池，还拖来了一个美式铝制拖车餐厅。”从严格的商业眼光来看，她认为“临时性的利用会比较便宜，并且实施起来相对较快，而且还可能扮演启动一个地方开发（也可能不是会立刻生效）的角色；此外，这种利用方式方便移动，如果新的开发来了以后，他可以立刻从这里转移到另一个地方”。

这种临时性的利用，是增长依赖型方法的一个有益补充，需要一定的时间才能慢慢趋向于彻底合适。然而，我们还可以采取另外一种方法，以基于社区的利用。在业主没有找到新的利用方式前，只要空置空间依然还可用，那么就不会有任何事情阻止临时性的利用继续下去。在 SQW 的一项研究中，他们识别出了一系列正在发生的新利用形式：一个社会企业在老银行中测试他们的新商业模式；海事遗产中心正在组织试运行以期望能得到资金支持；艺术家、工艺匠人和创意初创企业在空置的仓储空间里工作；社区商店以及针对年轻人的音乐辅导计划等。

鼓励这种利用空置商店的一个具体方法是“共时租赁”（Meanwhile Lease）[30]。它是一项简化的、易用的租赁方式，给房主以充分的担保以使房主愿意将其所有的不动产拿出来作为临时之用。当然，也可以采取“共时中介租赁”（Meanwhile Intermediary Lease）的方式转给地方当局或社区组织负责，并配上所谓的共时利用的展期（Meanwhile Use Subleases），这就可以使地方当局和社区组织能够提倡并管理某一具体的临时利用行为甚至是此类临时利用的一系列安排。

在这里，地方规划能够扮演的核心角色就是放松对此类小尺度“跳跃式”利用的限制。尤其是“用途分类准则”（Use Classes Order）可能会对这些活动形成一定的限制，因为该准则的实施会限制特定不动产采取使用的类型。在 2011 年 6 月，规划部长认识到了这一点后指出：如果允许，鼓励“共时利用”的实施。因为临时改变利用类型需要规划许可，这就意味着需要对“用途分类准则”进行改革（见上文所述）。另一个可能需要改变的就是停车政策，因为新的临时利用可能对停车有不同的需求。

另外，当涉及到地方当局所拥有的不动产的再利用时，地方当局也可以尝试说服当地的不动产部门采取更加弹性的方法。这可能意味着需要他们愿意承担额外的风险，或者要做一些翻新工作以使得这些不动产空间可以使用。改变房屋用途的另一个问题，就是关于不动产的商业税比例。如果一栋建筑被划分为非居住类型，就可以豁免商业税费；因此，房屋所有者就很有可能会尽最大努力去说服评估办公室（Valuation Office）认定其建筑是非居住类型，而改变用途很可能会改变这个不收税条件。因此，这就需要某种程度上的弹性。

这种弹性的一个例子就是鼓励将住房置于店铺上面。和当地其他的不动产相比，这些住房很可能属于较低价格的住房，因此其很有可能以这种较低的价格在开发市场上反复交易。目前，有一些资本补助，以利于在店铺上面实施公寓改造，其前提是要求这些改造后的公寓的租金价格必须低于所设定的最高价格，从而确保低价住房的供给。规划政策应该鼓励这种改造：当收到这种改造申请时，规划当局应该给予快速而积极的响应。规划当局甚至可以考虑对这种改造不采取规划管控方法，而是根据"地方发展法令"（Local Development Order）仅对这些开发做一些基于地方需要的调整。和 21 世纪初中央代理机构所倡导但最后又被抛弃的"生活在商店之上"政策相比，这些措施可能会更加有效。中央代理机构专注于提供相应的改造建议和手把手的指导，但是当顾问给的建议被总结到策划效果时："市场对其的反应是非常谨慎的"[31]。

盒子 8.2：公寓改造准则[32]

· 合格的公寓可被改造、更新和修复，同时确保此类公寓的可获得性。

· 产权不能用于买卖。

· 不动产必须是 1980 年前的建筑。

· 在改造工作前，商店上面的楼层应该没有被利用过，或者仅仅曾用作储藏之用。

· 地面以上的层数不能超过四层，并且最初建设时是用于居住。

· 地面层必须授权用作商业用途。

· 每一套新的公寓都必须是完备的，并且数量不超过四间房屋。

空置的土地

前面两部分聚焦于空置建筑的再利用，而实际上空置土地的再利用也是很有潜力的。和上一章讲的基于社区开发的利用的不同，这里强调的是对空置场地的临时性利用，也即所谓的“共时利用”。认识到开发过程中不同的利用类型可能会发生转换，这些转换之间可能会有空隙期，“共时利用”就是为了确保在这些空隙期这些场地能够有助于本地的生活品质的提升。

作为与建筑利用提供地方小商业，特别是初创企业的入驻不同的是，土地利用提供了不同的机会。比如说，这些场地可以用作运动设施，例如足球场；或者可以将其改成一个野生动物保育区或者一座城市花园。如果租赁周期够一个种植周期的话，这些土地可能是社区粮食种植项目的理想地方。如果这些土地土质不适合种植粮食，那么其他的园艺活动也是可能的；再或者，这些场地可以用作大型铁桶或集装箱的堆场。就如第六章所阐述的那样，这种粮食种植项目有一系列的好处，包括提供锻炼的机会、供应新鲜农产品而改善地方饮食、通过合作的共同努力而促进社区共建。

有关这些场地的未来开发，是规划师和开发商之间长期持续讨论的话题。规划师可以鼓励和积极与开发商协商，允许在间隙期的“共时利用”。然而目前还没有制定类似提议的趋势，因此地方当局可以对具有这种利用潜能的土地进行识别（咨询地方社区），并且和土地所有者协商采取“共时利用”的措施。在防止空置地块上的规划失灵或市场失灵现象上，所有人都应该明白“临时利用”所具有的双赢特点。

因此，本章提出了一系列保护现有的低价土地利用类型的方法路径。这些低价的土地利用类型，在社区生活中扮演着非常重要的角色。如果当前的规划体系能够认识到这种重要性，规划不仅能够保护这些低价土地利用类型，而且还能创造这种低价的用地类型。

第九章
共 有 资 产

这一章将着眼于地方社区共同使用的资产。这些资产包括一个地区用于休闲娱乐的开放空间。也包括那些能举办各种满足社区需求活动的建筑。这些共有资产对社区居民来说可能是重要的支撑资源，为他们提供了很多资源和收益，一些他们在自己的家庭或外面都无法获取的东西。如果一个家庭没有花园，那么当地公园便是他们带孩子游玩的重要地方；如果私人俱乐部的会员价格太贵，那么在社区中心开设的课程可以促进当地居民的健康；如果一个大龄单身人士觉得去当地的咖啡馆太贵，那么在当地教堂举办咖啡早茶会可以为他们提供一个出门与人相见的机会。尽管高收入家庭可以承担得起使用市场提供的收费设施，来提高他们的生活品质，这些公共领域里的资产对那些无法承担的家庭有着至关重要的意义[1]。同样的，高收入家庭可以承担得起到一个提供更丰富服务和娱乐设施的地方旅游，而低收入家庭更多地是依赖于附近所在地提供的资源。

正如弗林特（Flint）所说[2]：

> 所有社区都至少需要一个最低标准的零售、服务和住宅基础设施。这需要依靠公共政策和投资以及来自志愿者、社区和私营部门的共同贡献。私营部门投资的变幻无常，决定了其无法实现低收入城市社区的可持续发展。

所以，规划体系如何才能确保当地的公共领域财产能够支持当地社区的需求，包括当地社区内更加弱势（脆弱）的群体（部门）的需求呢?

1　私人供给与管理的局限性

曾经，确保公共领域提供一系列公共设施的简单做法，便是由公共部门直接提供，而且公共部门通常是地方政府。如此一来，服务就拓展到了诸如游泳池、保龄球草地、网球场这类休闲服务以及公共空间的供给与管理，这些公共空间包括公园和城市广场以及其他公共领域的空间。然而，由于经济和意识形态等方面的综合原因，地方政府以这种方式支持公共领域的可用资金几十年以来一直受到约束。

这样，地方政府就不得不把重点放在了与私营部门商定一起来完成这样的供给。但是，依靠市场来直接提供这些需求不太可能满足社区所有的需求，其原因有两个。首先，市场是响应需求（demand）而不是需要（need），而且只满足那些有“支付意愿”的需求，当然必须要有支付能力。那些有可用资金并渴望将它们花在特定设施上的人将很可能获得私营部门回应，而其他人则不会。这本身并没有什么问题——很少有社会能够满足他们居民的所有欲求，并且似乎很少有道德主张要这么做。

然而，当重要的需求（不只是必需品 wants）未满足，或者公共领域的一些关键服务供应不足而导致更广泛的公共利益受损时，上述这种做法就会产生问题。例如，健康可以认为是一项基本的人权，因此能够获得有利于提升休闲和运动的优良环境这样的服务，是促进这种健康的一种非常重要的因素。此外，考虑到公共医疗服务的成本涉及到的公共资金的使用，可以说通过这种方式促进健康既有利于公共的利益，也有利于个人的利益。根据政府科学办公室的计算，每年用于治疗超重和肥胖的国民健康服务（National Health Service，NHS）所花费的资本大约为 50 亿英镑，并且到 2050 年，用于服务更广泛的社会和商业的开支将上升至大约每年 500 亿英镑[3]。依靠市场来提供社区设施和能促进健康的高品质环境，并不会使得所有公民能够平等乃至有权使用这些设施和环境资源；那些有钱消费并且有消费欲望的人将被优先考虑。私人网球俱乐部都会被供应，而低收入家庭从事他们喜欢的基本休闲活动设施却不会被提供。

其次，市场更倾向于“私有”物品与服务的供给，除了物品与服务的所有者可以享用它们外，其他人可能会被排除在外。因为其他人如果也想享用它就必须付费。一旦某项物品或服务有搭便车（免费）——享用物品或者服务，但由他人付费——的可能性，这种物品或服务就可能会出现市场供应不足。许多公共领域的服务和设施恰恰就是这种情况。一个地方公园或者开放空间可能面向所有人开放，至少在白天是这样。进入这种空间是很少收费的。因此，市场几乎没有提供这种空间的动机。一旦使用权可以被限制，那么市场就可能会有不同的反应。在伦敦，某些18世纪建立的城市广场中央的绿化空间的使用权仅限于拥有这些财产的钥匙的物主。而提供这种空间的成本，实际在周边房产的升值中被反映了出来，在这种情况下，市场也有在城市住区建设中建设这种开放空间的动机。然而，这些广场空间除了可以带来视觉上的愉悦外，它们并非属于真正意义上的公共领域。目前，门禁社区（gated community）正在延伸这种趋势[4]。

正如前面章节所强调的，增长依赖型规划的核心前提是，在规划管理过程中通过对规划许可的控制，可以获得开发项目的部分利润，并将其以某种形式用于社区福利，包括某些社区设施的提供或者改善城市的某些公共空间。除了在前面讨论中一直强调的问题（即要通过这种方法来提供公共产品和服务的前提，是这些城市开发对开发商来说必须是有客观利润的）外，对这些设施和服务的后续管理也是人们常常关注的问题。只有管理得当，才能确保这些设施和公共空间的可达性，才能确保其有效实现。

总体来说，核心问题就是必须对这种福利给予持续的管理，而仅仅通过规划收益机制建立一个社区中心，或者休闲设施，或者自然保护区，或者新公共广场是不够的。所有这些公共领域方面的产品和服务，都需要持续的管理从而确保继续完成它们的职能。这本身也涉及到财务经费问题。如果要从开发利润中单独留出持续管理资金——以某种基金的方式，那么，这将增加从开发利润中抽取资金的份额，这就会使得规划收益的协商必须更加依赖于开发项目的盈利能力。如果管理资金不是以这样的协商方式来获得，这就产生了一个新问题：这些资金将从哪里来？谁将承当继续维持和管理这种社区资产的责任？

例如，提供一个公园所需要的资金成本可以从规划收益获得。但是，如果没有持续的维护，这个公园与其说是一笔资产，还不如说是社区自找的一份推脱不掉的责任。开发人员可能一次性付清所有金额来满足未来管理的经费需要，但是这增加了规划收益的成本，而这最终会受到开发项目的经济可行性的限制。此外，人们也许还会质疑：这些一次性支付的资金是否能够涵盖这种持续管理所需要的所有成本？

除了管理和维护的财务方面的问题外，还有可达性这个重要问题。社区资产将由谁来继续管理？如果这些决策落入私营部门手中，那么很有可能的情况是这种资产将不会提供给那些最需要它的人。因为这些资产开始服从于市场标准，使用权将受到限制。事实上，这种通过规划收益谈判所得的用于公共服务的原始投资，可能最后都会毁于一旦，因为在此情况下，其运作模式就完全变成了一个私营部门运作的市场管理模式。

明顿（Minton）已经强调过，城市空间最近的私有化的趋势非常明显，尤其以这种与新开发有关的规划收益方式提供的公共产品的私有化为最[5]。作为城市设计复兴的一部分，人们倾向于期待任何规模的新城市开发，能够通过景观塑造和提供公众可享用的城市空间，对城市的公共空间做出积极贡献。然而，事实上这些空间依然归私人所有，因此和人们的期望相比，它们在某种意义上只能属于一种受限制的公共空间。在苏格兰，部分土地是公共的土地，有着不同的法律地位，因此在此情况下的私有化问题受到了特别关注。在阿伯丁（Aberdeen）和爱丁堡（Edinburgh）两个案例，有报道指出，这种公共土地已经以长期租赁的方式转给了私人开发商[6]。

我们可以提出这样一个观点：所有权并没有管理本身重要，并且，如果能够确保公众有权利进入一般的公共空间，那么这种地块的私人所有权（通常和周围的各类开发项目的所有权捆绑在一起）只是为所有者提供了一个对此地进行持续管理的保证而已。考虑到开放空间的一部分目的是为周边新建项目提供一个良好环境从而利于其价值提升，我们可以认为上述这样的持续管理很有可能可以保持这些开放空间的品质，因此也会有利于一般的公众。然而，如果这些空间属于私人所有并且也受到私人管理，从造成这些空间的使用权被限定在特定的时间或特定的人群的时候起，问题就会产生。在某些情况下，这些“公共”空间在傍晚或者晚上可能会变为一个封闭的空间。再或者，私人所有空间在私人管理的条件下，可能会导致某些人群——如年轻人——被排除在空间之外，理由是业主可能会认为这些年轻人从事的活动不适合该场所[7]。

这表明，社区设施和公共空间一旦被私人所有或私人管理，就会存在着内在的风险。但是，在缺乏足够的公共资金使得这些资产成为公共所有并被公共管理的情况下，可选择的方案又是什么？接下来我们将讨论如何利用社区所有权和社区管理来构建一个合适的途径，确保这些公共的资产能够提供给所有人享有，尤其是低收入家庭，从而满足他们特定的需求。

2 社区所有权与社区管理

在现实中，与当地居民日常生活不可分割的资产采用的是社区所有与社区管理方式的例子，并不少见[8]。约瑟夫朗特里基金会（Joseph Rowntree Foundation）的研究强调指出，这样的社区参与已经有400多年的历史了[9]。这种参与的主要特征是其有各种各样的表现形式。宗教机构经常使用他们自有的财产来支持社区活动，比如将教堂和寺庙作为社区居民聚居地的社区中心。儿童照料服务、家庭作业俱乐部，以及为照料老年人而建立的午餐俱乐部、食物银行和日常餐厅等都是普遍可见的。但是，还有许多其他以社区为基础的活动，不是基于特定的宗教机构的。

许多社区人群通过加入特定的社会组织来参与管理当地的公园和自然保护区，例如加入当地野生动物信托基金或者"……之友"小组。事实上，英国皇家鸟类协会（Royal Society for the Protection of Birds，RSPB）依赖于这些地方组织作为他们的后备队承担日常的监管责任[10]。这些地方组织会定期开展周期性的清理工作，并且也负责监察任何可能对公共空间造成严重威胁或带来严重问题的现象。这些地方组织的成员不仅奉献了他们的时间和精力，还掌握了大量关于园艺、生物多样性和保护的专业知识。

食品生产的土地配给也可以由社区运作而不是地方政府管理，例如在托德莫顿（Todmorden）和西约克郡（WestYorkshire）的那些实践[11]。社区果园运动也属于此类实践活动。在伦敦克劳奇尽端（Crouch End），一个新的健康中心开发项目完成后，所剩余的地块被租给了一个地方社区组织用作社区果园。因为它毗连一个中学，现在正计划着在那里用稻草包建立一个户外教室，为当地的年轻人和儿童提供教育机会。然而，对如何支持这些基于社区的食品生产行动，国家规划政策大纲（NPPF）却没有能够提供足够的指导，因此，下议院环境审查委员会（The House of Commons Environmental Audit Committee）对这一情况作了严重的批评[12]。

鉴于小商店对日常生活支撑作用的重要性，零售设施对社区来说是尤为重要的。它们不仅为那些很难远行的人们（因为这些人没有廉价、易达和便利的交通条件）提供了本地服务，它们也可以作为一个社交中心从而促进必要的社会交往，建立起本地的友谊和熟人的关系网络，这对于人们的幸福感和应对困难的韧性建立来说是至关重要的。

在《规划的目的（The purpose of planning）》一书中，作者重点讲述了布洛克利（Blockley）村的商店这个案例。这个商店作为一个社区设施，现在容纳一个邮局、一个提供互联网服务的咖啡馆和一个托儿所，以及代售的日常物品[13]。另外，还有一个新闻媒体反复报道的案例，就是靠近伦敦霍尔本（Holborn）的人民超市（People's Supermarket）。这个超市在 2010 年由亚瑟波次道森（Arthur Potts Dawson）设立，该超市是和当地居民合作来运行的，此外当地的居民不仅拥有部分所有权还在这个超市里工作。目前，其每年的营业额将近 130 万英镑，并且创造了 17 个全职或兼职工作。然而，在与斯巴（Spar）公司商谈合作以筹集 10 万英镑来确保自身的未来发展的时候，人民超市的商业模式的财政稳健性则受到了质疑[14]。其他案例包括埃克塞特（Exeter）真实食品商店（the Real Food Store），它主要售卖当地生产的蔬菜，在食品店里还有一个面包店和一个咖啡馆；而曼彻斯特的独角兽杂货店（the Unicorn Grocery）正在分支拓展当地的食品生产和销售领域。在与这些类似的案例中，许多都是社区福利协会（Community Benefit Societies）或本公司（BenComs）的成员，因此它们都会被要求其运营要服务于更广泛的社区利益。

考虑到公共住房作为地方社区居民相互见面沟通的空间的重要性，特别是在农村地区，它们也被纳入到了社区所有权的管辖范围之内。坎布里亚（Cumbria）的克罗斯比·莱文沃思（Crosby Ravensworth）的屠夫纹章（The Butchers Arms）酒吧就是 2011 年 8 月以社区所有权的这种形式开业的，它和约克的金球（the Golden Ball）酒馆就是上述运行模式的两个典型例子。截至 2012 年 5 月，以社区拥有所有权这种形式运营的商店，在英国总共大约有 300 家，其中包括 9 家社区运营的酒吧。现在，政府有一个社区酒吧部长（Community Pubs Minister），为社区酒吧提供少量的财政支持[15]。

其他的社区建筑也可以用来作为多功能的社区中心。在剑桥，社区学院的理念，就是涉及到将一些在白天用于中学教育的建筑在周末或晚上用于一系列其他的社区功能。例如，科特纳姆（Cottenham）社区学院就把学校在没有使用的时候，当做一家银行来运行，这个银行既提供本地服务也为学生提供工作经历。这种活动可能会受到安全问题的威胁，然而，它的成功运行，需要以强大的当地社区的任务网络的建立为支撑。因此，一旦学校是以私人融资为基础而建立的，这种灵活的使用可能会更加困难，这是因为如果所有权掌握在私人手中，那么其提供合同服务时所关心的核心问题，就是希望在合同结束时能够获得收益并收回相应的资产。

图书馆是另外一个重要的潜在社区资产。除了出借书籍、音乐和光碟外，它们还可能为社区会议、艺术展览（包括来自当地的学校）、学习场所、读书俱乐部、咖啡馆甚至夜间电影放映提供空间。地方政府的财政紧张，使得一些图书馆现在被社区团体接管，这就可以促使一些社区活动得到扩展。例如，在伦敦，许多由自治委员管理曾面临关闭的图书馆，现在由基于社区的组织通过志愿者来运营[16]。在更大规模上，2012 年 8 月 1 日，萨福克（Suffolk）郡委员会将它的 44 座图书馆的所有图书馆服务转给了一家工业和储蓄互助会（Industrial and Provident Society），它将和各种各样的当地社区组织以合伙关系来运作[17]。这些转移是存在争议的，因为图书购买和建筑维护所需要的资金来源尚不明确，并且也会使得图书馆管理员的专业知识有可能一并丧失，而图书馆志愿者的劳动和使用图书馆建筑所收的使用费也不太能够支持太久。此外，萨福克郡的这个案例也引发了关于图书馆的法定责任的透明制和问责制的问题。不过，城市议会还是有法律责任，确保在全国范围内能够建立起完整的图书馆网络。

总的来说，约瑟夫朗特里基金会的研究，给出了三种有所重叠但各不相同的参与社区资产管理的模式[18]：

· **管理者模式**：这种模式趋向于小规模并以志愿为基础，专注于单一而长久的资产，例如一栋建筑；

· **社区的开发者模式**：在此模式下，负责管理社区资产的多数是中等规模的组织，他们往往拥有一系列的资产，并给当地提供相应的服务。其通常会建立起广泛的合作关系，并雇佣员工，拥有多方的收入来源；

· **企业家模式**：这种模式是最大规模的典型例子，经常作为专业的社会企业来运营。其通常拥有各种各样的资本密集型资产，即服务于商业目的，也服务于社会福利。

上述三种模式所带来的关键信息，就是针对各种不同的地方情形、需求和社区资源，实现合适的社区管理是有可能的，尽管有一些社区所需的服务和功能会超出大规模社区组织的能力。

对这种基于社区的所有权和管理模式的支持，在 2011 年的地方主义法案中得到了特别的强调，而在联合政府所提倡的“大社会（Big Society）”的国家议程中也是被强调了多次。当然，新工党政府也采取了一系列的措施来鼓励这样的社区参与。2006 年的地方政府白皮书（2006 Local Government White Paper）、2007 年地方政府和公众参与卫生法案（2007 Local Government and Public Involvement in Health Act）、2008 年社区赋权白皮书（2008 Community Empowerment White Paper）都涵盖了这些措施。夸克评论（The Quirk Review）指出，有必要将公共资产的社区管理和社区所有权的做法广泛推行使其成为主流，在他们的推动下由此而成立资产转移小组（Asset Transfer Unit）；自从 2009 年以来，这一职责一直由地方非政府组织（NGO Locality）连同地方政府协会（Local Government Association）共同履行[19]。

在英国其他的权力体制中，也可以看到类似的行动。比如在威尔士，2005 年的社会型企业战略大会，为社会型企业在合同、资产转移和不动产翻新等方面都设立了具体而明确的目标；而在北爱尔兰，2007 年的社区支持计划（Community Support Programme）则明确地把社区中心作为工作的核心对象。在苏格兰，一直以来他们都积极主动地进行立法，赋予社区购买的权利。2003年的苏格兰，土地改革法案（Land Reform（Scotland） Act）允许在全国范围内进行重大的社区土地收购，尤其在西部群岛（Western Isles）地区。

3 购买与资助社区资产

约瑟夫朗特里基金会的研究表明，这类社区参与在不同的国家表现为不同的形式。在英国资产的所有权发挥着特别重要的作用。根据开发信托协会的估计，2010年其成员拥有的资产价值达5.2亿英镑[20]。

参照苏格兰的案例，2011年通过的地方主义法案，引入了社区投标权（Community Right to Bid，CRB），允许社区参与到社区资产的竞标中。CRB的运作，必须要建立一个“有社区价值的资产列表（list of assets of community value）”，而相关的社区组织和教区委员会（parish councils）有权提名其所在地区哪些资产可以纳入列表之中。这些资产将会在列表上保留五年。决定一个资产是否“有社区价值”的标准，宽泛来说是要看这个资产在当前或近几年是否加强了“当地社区的社会福利或利益”的取得，是否还会继续采取这种有利于服务当地社区的使用模式。其中所说的社区价值，特别是指关于文化、休闲和体育用途的这些方面的价值。此外，这种利用模式必须作为土地或建筑利用的主要模式，而不是附属用途。当然，废弃的场地则不太可能进入CRB指南所覆盖的范围[21]。

对任何被提名的资产而言，其所有者如果希望出售，则不能直接进行出售，在出售前有一个冻结期。社区组织有一个初始的6周时间来通知资产所有者他们是潜在的投标人，然后社区组织可以使用整整6个月的时间来募集资金；当期限结束且资产被正式挂牌出卖时，他们就可以用所募资金来竞标。然而，社区组织是没有权利来直接购买的，CRB只是给他们时间准备购买并为购买做好准备。竞购的价格由公开的市场交易确定，对社区组织也没有折扣。但有一些例外的情况，包括当做赠品处理的情况，或者是在一个家庭内部的处理，或者是大型土地或建筑的一部分，再或者是持续经营或业务的一部分等。

在这里，很明显，社区组织而不是地方政府才是关键的角色。但是，当地的规划师也能够扮演辅助角色。地方非政府组织（The NGO Locality）提出，这种角色可能包括[22]：

· 描绘清楚一个地区的所有资产；

· 建立对社区需求、理想和能力认知的共识；

· 熟知处理剩余公共部门资产的潜在需求，从而减少它们与社区项目的冲突；

· 充分考虑开发这些资产对可持续发展的影响；

· 刺激创意思维，创造性解决服务如何能实现，它们所依赖的支持点是什么。

然而，CRB的局限性，还是在于其销售依然以公开的市场价格为准，除非出售者愿意接受一个低于这个市场价格的价格。可是，如果是这种情况，它就可能没必要将使用 CRB 的权利放在首要位置。不过，这就有可能在“非最优考虑”的情况下将公共部门资产转移到社区。这被称为社区资产流转（Community Asset Transfer），并且能够有效避开一般的规定——公共部门的土地和建筑物必须以它们最高的经济价格出售。为了使得社区资产流转奏效，土地或建筑物的使用必须是为当地的社会、经济和/或环境目标服务，其必须最终要归社区组织所有。

很明显，要想使得社区资产在提供当地社区需求中能够有效，其最基本的要求是一些资金，包括运营和管理所需要的费用。此外，如果资产所有权是用来巩固和支持这种管理并提供更大的控制权的话，那么还应该包括购买资产股权所需的资金。不论社区资产的出售是完全的市场价还是折扣价，社区组织都将必须为购买资产筹集资金。社区内部资源可能是有限的，尤其是低收入社区，在此情况下社区还会依赖于赠款和贷款。

有专门的中央政府资金渠道支持财产转到地方社区。其中包括风险资本基金（the Adventure Capital Fund）和未来开发者与社区资产基金（Futurebuilders and the Community Assets Fund）。作为大社会议程（Big Society agenda）的一部分，当前联合政府已从休眠账户（dormant bank accounts）安排了 4 亿英镑用于资助大社会计划资本（Big Society Capital），另外还有来自四大银行，包括巴克莱（Barclays）、劳埃德（Lloyds）、汇丰（HSBC）和苏格兰皇家银行（RBS）的 2 亿英镑的捐赠。值得探索的另一种运行可能性，是更多地使用社区基础设施税（CIL）来支持这样的社区项目。然而，这个方案可行的前提是在本地有足够多的新开发项目来提供这样的资金，并且为了社会利益，仍然需要通过增长依赖型方法从私营部门开发所得利润中捞取资金。

其他资金来源可能来自更具创造性的贷款形式。特别地，集合很多小数额的捐款而形成的贷款，看起来是适用于资助这种社区项目的。此外，众筹（Crowdfunding）也是一种有趣的形式。例如，之前提到的埃克塞特真正食品商店（The Real Food Store），通过售卖 15.3 万英镑社区股票给 287 位投资者的方式来筹集资金。曼彻斯特独角兽杂货店，则买下了 21 英亩的土地用于地方食品生产，其中一部分资金则来源于向自己客户贷的款，这些客户可以选择介于 0 到 4%之间的贷款利率。耕作牛津（Cultivate Oxford），一家属于本公司（BenCom）的食品递送机构，从 200 名社区投资者那里筹集了 80 000 英镑。比格顿（Bigton）社区商店，则通过创立并发行股票吸引了超过 100 名当地人员来为自己筹集资金。

社区层次的可再生能源的生产为创造持续的社区收益提供了可能性，这引发了一系列聚焦于社区能源的新举措[23]。一个有趣的例子就是乌尔胡伯热能（Woolhope Heat）的实践。它自称是英国第一个木头燃料合作公司，从一批至少拥有 250 英镑股权的投资者那里筹集资金。它在赫里福郡（Herefordshire）当地的经营场址安装了生物质热电联产锅炉（biomass CHP boilers），并为自己保留了这些资产的所有权，且承诺负责持续的维护。通过利用当地的木片，给这些锅炉提供燃料，通过出售其产生的热能获取收益。目前，它还从可再生热能激励计划（Renewable Heat Incentive）中获得了支持。鉴于一系列用于生产可再生能源的政府拨款，这些社区企业不仅能够充分获得政府支持，而且也能够得到社区筹款，从而可以为社区提供可持续的地方服务。然而，它们容易受资助政策变化的影响，在最近的公共部门裁员时期，其不稳定性已经表现得非常明显。和此相似的其他的例子，包括布赖顿（Brighton）和布里斯托尔（Bristol）的能源合作社[24]。

众筹是上述这种筹资方法的终极拓展版本，它利用网络收获很多小额捐款来支持新想法。通过例如 Kickstarter，Indiegogo 和 ArtistShare 这些网站，这种做法最初是用来帮助和支持创新创业公司和艺术项目的，但现在这种模式已经被运用到了建筑环境项目或众筹城市主义生活。美国的 CivicSponsor 和芬兰的 Brickstarter 都是致力于此的网站，而英国的一个类似的网站是 Spacehive[25]。从伦敦斯托克维尔郡（Stockwell）的森林花园到威尔士庞特浦里德（Pontypridd）的一个社区中心，他们已经支持了一系列的项目。网站上所列的所有项目都有一个固定的经济目标，并且只有在达到这个目标的条件下，资金才能够从捐赠者手中拿走。捐赠者所能得到的好处，也是有明确规定的。Spacehive 网站通过网上筹集管理费从而为项目提供持续的经济基础。对于此，他们有一个顾问委员会从事所有项目筹款前的严格评估。他们也通过一些场地工具和志愿专业人才提供技术咨询。一旦资金被筹集，项目实施经理根据合同必须承担并完成该项目。

和特定的一次性项目一样，这种资金正支撑着社会企业的创建，这些企业为了改善社区正着手编制基于社区的规划。有两个案例分别为位于布里斯托（Bristol）的斯托克斯农场（Stokes Croft）和伦敦纽汉姆（Newham）的煤气厂码头合伙企业（Gasworks Dock Partnership）[26]。在斯托克斯农场，在邻里规划中明确采取了激进的观点，正如他们的网站所陈述：

这一地区开创了街头艺术自由态度的先河，并朝着一个取代传统自上而下式政府的方向发展。自由的态度促使正能量的绽放，因为城市的这一部分虽然被规划师和政府忽视和滥用，但他们为自己塑造了城市的未来，他们抵制了传统的绅士化，抵制了开发商与公司企业带来的压力，维护了其独特的身份认同，对抗了来自传统开发的威胁。

相比之下，纽汉姆项目可能在基调上更为传统。它旨在通过当地水道的复兴，为社区导向的城市更新提供一个框架。其中一个行动就是对停靠在科迪码头（Cody Dock）的道克兰社区的船只进行特别处理，将其迁移到其他地区而使得 2.5 英亩的科迪码头能够空出来，以用作一系列其他社会企业和社区活动的场地。

其他具有创新性的资金来源的开拓，也正在探讨之中。例如，与英国皇家建筑师协会（Royal Institute of British Architects）合作，联邦智库（ResPublica）提出了一系列措施，包括发行特定的纸质债券，如社会影响债券（Social Impact Bonds）与社会投资债券（Social Investment Bonds）[27]。当前的房地产投资信托（Real Estate Investment Trusts）这种模式可以通过结构重组来支持社区购买所有权。通过此种方法，房地产投资便可以被证券化，这就使得许多个股权人共同承担投资，而不是一个单独的机构负责全部投资。社区参与到此融资过程的这个模式，他们称之为“社区投资房地产的权利（Community Right to Invest in Real Estate）”。

4 管理社区资产

一旦资产被鉴定，并且得到了足够资金且被购买，紧接着就是要对其进行运营，以使得其能够在可持续的基础上为社区利益服务。从非洲平原到英国的城镇和城市问题，这两者看起来差别很大，但是关于这些牧场如何退化和如何更好地保护的争论，为社区资产如何进行管理提供了一些有趣的想法。这里有两个关键问题：第一个是如何确保公共资产能够在足够且可行的条件下被供给；第二个问题是如何保护资产的使用而使其避免被过度利用。在探索城市社区资产这些问题之前，上文所提的那些有关非洲平原的讨论将在下文做简要介绍。

这个争论指的就是所谓的“公地悲剧（tragedy of the commons）”。有关这个讨论的最初观点，由加勒特·哈丁（Garrett Hardin）阐释，具体如下[28]。有一群部落成员，他们主要的生计来自他们饲养的牛。牛都归个人所有，但是供养这些牛的牧场却是共同拥有并且开放可达，以至于任何一个愿意的人都可以使用这块土地。每个牧民认为没有理由不在牧场上增加更多的牛；相反，对他们来说，一个明显的优势就是要尽可能多地使用这片草地。然而，超过一定程度后，草地便不能支撑那么多的牛，从而牧场将开始退化。但是，个体牧民将继续向牧群中添加更多的牛，因为他们的牛仍然将从草地中受益。这里的问题是个人利益计算和集体利益计算之间存在分歧：每一个看到个人利益的牧民会把另一只母牛或者公牛放入牧场，而从整个放牧群体出发，如果牧场能够得到良好管理从而维护其放牧的质量并能防止这里变为沙尘暴区，这将对整个放牧群体是有利的。

这种“公地悲剧”观点被用来解释许多不同形式的环境污染和退化：气候变化、空气污染、过度捕捞、过量取水、景观侵蚀。而且也被用来解释采取市场方法处理这些问题的好处[29]。这些市场处理方法的倡导者认为既然问题的原因是共有土地所有权，答案便是分裂和私有化这些土地，以便每一个牧民有他们自己修复牧草的责任。将这个问题延伸，则涉及到将所有的环境资产私有化以确保它们得到有效的保护。

但是从哈丁的故事中，可以吸取相当不同的教训，并且这个教训已经被大量有关共有资产的实际使用情况的研究（尤其是埃莉诺·奥斯特罗姆 Elinor Ostrom 的研究）所证实[30]。这些研究已经明确，问题不在于共有所有权，而在于由集体一致同意而达成的管理制度的性质。在哈丁的故事中，并没有管理制度——对所有人都是自由的。奥斯特罗姆已经表明在许多情况下，这种共享资源都是群体共同所有，而群体所包括的成员是确定的，并且针对群体成员制定了如何利用资源的规则：这些资源什么时候可以使用、到底谁可以使用以及可以使用多久等。在有需要且合适的地方，他们也重点安排方案来解决任何冲突。这样，许多共有的资源可以以可持续的方式进行管理，这就为所有相关人员带来益处，并确保该集体组织在未来有权继续使用该资源。

通过这些管理制度所创建的，是真正意义上的共同所有权体系或者共同财产制度。这和哈丁的故事恰恰相反——完全开放的可进入使用的这个性质，意味着实际上没有人拥有牧场。所有权归个人、公司或者组织所有，则往往意味着有一套规则来管理利用，当然，共同所有权也不例外。所以，这场针对任何地方社区资产的争论，其关键经验就是要认识到社区参与的重要性，并承诺认真执行针对这些共同资产的管理制度，对其使用情况进行有效管理并确保它的可持续性。

因此，要实现这样的图景的一部分工作就是要起草制度安排，比如法律文件等，从而建立一个信托机构或者社会团体，确保管理决策的被制定以及冲突解决的透明化。但是，相关研究也强调当地社区人际关系对这种制度的运行的重要性。这里的核心概念就是社会资本。这指的是群体（这里指当地社区）成员之间的联系强度，而且也指这些关系之间所承载的信任标准、互惠互利和相互融合的内在关系。这里的理念是：如果一个地方有大量的人相互认识并且相互了解，他们相互信任，并将以合作经营企业的名义为彼此做一些事情，那么在这些地方将会出现所谓的高强度的社会资本。这种社会资本，将会使得群体共同持有的资产能够得到共同的管理。

上述推理，似乎不言而喻且合情合理。然而事实上，社会资本的概念比这里说的更为复杂一点[31]。理论家已经区分了不同类型的社会资本，特别是粘合社会资本（bonding social capital）和桥接社会资本（bridging social capital）之间的区别。粘合社会资本就如同一种强有力的胶水，非常明显地表现在社区成员之间非常密切的关系上。它将社区中在某些方面具有共同喜好的人联系在一起，从而形成一个更加均质的群体。桥接社会资本是一种松散的连接方式，而且通常被认为是一种将不同的人联系在一起的方式。

这种解释，立即会引来一个问题：人们之间是如何相互联系起来的？他们会认为什么东西才是他们的共同之处？这也是构建一个所谓的“社区”需要考虑的核心问题。社区这个词经常被使用，好像关于什么构成一个社区是不言而喻的，好像已经经历了一个空间选择的过程而使得相似的人相互住在一起。然而，即使它曾经一度是这样，但今天已显然不再是这样了。因此，在上面的讨论过程中，使用了社区的复数形式，以表示社区的多元性。在当今社会，人们有多重的拥护对象，有多种类型的社会关系和多种身份认同。因此，碰巧住（或工作）在同一个社区或空间的人，他们所形成的相互之间的关系的性质，描绘起来可能是很复杂的。

要定义任何特定的社区，意味着要将一些人划入其中并且以他们的共同利益作为基础前提，同时也意味着要将其他人排除在外。社会资本和社区，都是既强调边界也强调包容的两个概念。因此，以学校作为纽带而建立起联系的一群人，和以宗教建筑为纽带而建立起联系的一群人会是截然不同的。此两种情况，都具有包容性，第一种情况包含的人群都是有孩子的群体，而后一种情况则是具有某个特定信仰的群体。但是，在这些特定的社区特征下，社区资产所允许的活动，也可能将其他的活动排除在外。例如，社区居民对儿童安全的担心，将会限制以学校设施为依托的活动的开展；并且共同承担儿童照料工作本身也是需要更高级别的相互信任的。宗教机构可能会为更广泛的当地居民打开他们的大门，但是许多人可能不希望卷入这样的机构，或者不喜欢被邀请参加基于某种目的的活动，比如说基于慈善的活动。

这表明，要想以社区为基础的社区财产的共同所有权和管理是成功的，那么在社区这个特定的空间区域内构建许多不同形式的社会资本是十分重要的。这就表示，我们要创造更多的桥接社会资本，而学校和宗教机构，都只是强有力的黏结社会资本的例子。桥接社会资本的建立，涉及到没有看到相互共通之处的人们之间的包容性和人际关系的建立。有一些社区资产，本身就具有明显的包容性。比如说，任何一个人都可以使用村庄的商店或图书馆或者邮局，不必考虑他们是否是“这个群体”的一部分。

到目前为止的讨论，既强调了通过社会资本来促进社区开发这个问题，也强调了通过建立合适的管理体制来规范和调控社区参与资产管理和使用的问题。但是，对规划来说，它具体能做什么从而有助于成功实现当地资产的社区管理？

在上述管理过程中，有一个很重要的方面，涉及到如何识别那些对当地群体有价值的资产。这项任务，可以作为地方规划实践中的一个特定部分。规划也可以使用其监管权来保护这些资产免受开发的威胁，尽管其对开发控制的本质还存在疑问，即规划管控是否足够细微精确，这就回到了第1章要讨论的要点上了。规划，其能扮演的最重要角色，可能还是其在创建地方社区感方面的贡献，它超越自我界定和具有严格边界的不同群组的限制，将其融入一炉；它能以一种包容的方式来识别这样的“社区”，并努力将不同的群体聚集在一起，创造桥接社会资本。对所有的当地居民和业主来说，这对地方共有资产的有效管理将是至关重要的。

加伦特（Gallent）和罗宾逊（Robinson）已经明确指出，社区和邻里规划的真正好处，在于激励当地人们从所有当地用户的角度思考他们所处的位置[32]。他们也强调了在这一过程中依赖几个领导者的做法所存在的危险，并且也免不了有少数积极分子愿意担当这样的领导角色。但是，为邻里制定适合本地的战略和规划的行为，一方面将定义一系列社区共有资产在社区发展中的角色，另一方面将有助于团结社区群体并构建上述不同类型的社会资本。这些社会资本，对于成功实现社区共有资产的包容性和可持续的管理是非常必要的。

第十章
改革规划体系

1 全书的核心论点

对于一般的改革问题，有非常丰富的文献，既讨论了其改革的可能领域，也指出了其缺陷和局限性。而对于规划体系的改革，许多批判性研究也做出了类似的分析判断。当前英国的规划体系，既不能解决社会的不公问题，也不能解决环境的不公问题。这种内在缺陷受到了反复持续的批判，本书正是秉持这一观点展开讨论的。然而，与仅仅指出问题的论述不同，在本章之前的二章中，不仅阐述了目前正在发生的广泛改革行动，还指出了新的改革方向和改革领域。这些建议措施，一方面有利于在经济下行和低增长条件下能够实现规划的弹性应对；另一方面能够为低收入社区的生活品质和环境品质的改善提升提供可能的解决方案，而这一点也正是增长依赖型规划无法做到的。因此，这些新的措施将有助于支持以可持续为基本目标的新规划议程的建立。但是，这些新措施的有效实施，需要一个有别于现有的政策指引和一套全新的规划工具的支持。同时，社区介入的程度问题也必须得到新的认识和扩展。本章的目标就是针对这一新的规划范式，详细阐述其所包含的几个关键要素。

必须指出的是，本书所提的新规划方法不是要彻底取代本书所批判的增长依赖型规划。不过，本书总体上还是希望给读者呈现一个清晰的观点：增长依赖型规划具有严重的内在缺陷，特别是在解决环境的不公平问题、提升不同群体的生活品质和加强法制的可持续性等方面，这种缺陷尤其明显。即使增长依赖型规划所依赖的经济条件得到充分满足的时候，这种缺陷也是明显存在的，例如在增长依赖型规划的实施过程中，有一些弱势群体总是会被置于最不重要的位置，甚至是被清理置换。而在低经济增长的条件下（无论是国家层面，地区层面，还是地方层面），想依靠增长依赖型规划来实现各个社会群体的共同受益是不太可能的，这就迫使我们为此寻求新的解决路径。

虽然如此，这并不表明增长依赖型规划在当前的规划体系中一无是处。在有些时候或有些案例中，通过鼓励私人开发可以得到相当大的一笔规划收益，这些收益的合理分配和利用将有助于实现多种不同的社会福利目标和环境保护目标。这里的关键就是要对这种分配过程做严格详实的监督管理，以使得这种社会福利和环境的可持续性能够真正落到实处。在当前社会环境下，由于私有部门控制了城市和环境改造发展的主要金钱投资资本，因此增长依赖型规划希望通过充分利用私有部门来实现一些社会福利也是有其现实根据的。

在本书看来，将增长依赖型规划作为实现普遍社会福利的唯一依靠是远远不够的。增长依赖型规划本身的缺陷，使得其难以满足全社会的所有部门的需要，不可能提升所有家庭的生活品质，不可能支持一个更加可持续的未来。当然，其也无法解决社会和环境的不公平问题，无法有效支持对社会大众福利的追求以挑战纯粹的经济追求，难以实现自然资源和生态系统服务的有效管理以利于持续稳定的绿色增长。因此，作为本书的最后一章，我们将阐述如何对现有规划体系进行平衡和调整以实现公平的可持续发展，而不是要用新的规划范式取代现有的增长依赖型规划。相反，本章将指出需要将哪些方面的改革融入到现有的规划体系之中，并配合增长依赖型规划的有效实施，来确保广泛意义上的公共利益的实现。

因此，本章重点阐述如何通过新的规划政策规定、新的规划工具——特别是土地所有权和财政方面的措施——和新的社区参与方式，提升规划在实现多种社会、环境公共目标和利益上的效力，以超越增长依赖型规划的局限。

2 改革后的规划政策指引

在第二章中，我们已经阐述了中央政府的规划政策指引的重要性。这些政策指引，对全国各个层次的规划具有强大的约束力，其所设定的各种原则都必须得到有效遵循。而规划管制的运行过程和机制，特别是规划上述机制，进一步强化了中央政府的规划政策指引的核心地位。作为中央政府规划政策的核心表述，当前实行的 **NPPF** 的一个功能就是确保增长依赖型规划在整个规划体系中的统领地位[1]。虽然如此，通过对这一现行大纲的改革，我们还是有可能将不同的规划方式融入其中。在第七章和第九章中我们已经阐述了一系列具体的改革提议，但作为这些提议提出的背景基础，在第六章中所论述的核心目标和价值取向，也必须确保其能够完整融入到改革后的规划体系中。

因此，我们提出对 **NPPF** 进行修订以反映新的核心原则：不仅要反映整体社会福利提升（已经强调了多次）和发展可持续性（已经形成重要的参考标准）的需要，还要充分重视对社会和环境非正义的破解。更直接地来说，就是 **NPPF** 必须努力促进公平可持续发展。在环境正义方面，美国的经验可以提供一些参考。在克林顿政府时期，美国环保署（**Environmental Protection Agency**（**EPA**））被要求在其决策过程中慎重考虑环境正义。目前，在运作过程中，该机构将环境正义定义为[2]：

> 环境正义，就是指在制定、实施和执行各种环境法律、规章和政策的过程中，无论种族、肤色、国籍和收入，都一律一视同仁对待。国家环保署有义务确保上述目标对全国所有的社区和个人来说都能够有效执行。而当如下条件得到满足时，我们就认为环境正义得到了实现：每一个个体都能够享受同等的保护，不受环境和健康灾害的影响；每一个个体都能够公平地参与到决策过程；每一个个体都能够公平地获得健康的环境，以满足自己的生活、学习和工作需要。

在欧盟的政策大纲（European policy framework）中，有很多方面表现出对这一理念的支持。比如说，奥尔胡斯公约（Aarhus Convention）就试图将环境正义融入到环境政策的决策和制定之中[3]。然而，该公约很大程度上还是从决策的过程入手，明确了在此过程中公众应该享有的特定权利，从而使得正义能够有效实现。这些特定权力包括：

· 获得相关环境信息的权利；

· 参与到环境决策的过程之中的权利；

· 对影响到上述两个权利的获得的相关决策，有权利对其做评估审查。

与美国环保署相对彻底的方法相比，上述这种在决策过程中融入环境正义的做法是一种相对低效的方法。根据美国环保署的政策，所有容易受到置换改造的弱势社区都必须受到保护，这些社区都拥有为追求自己所定义的社会福祉和可持续性而重塑自己社区的权利。因此，在 NPPF 中，如果能够履行较为彻底的环境正义（最好使用公正的可持续性（just sustainability）一词）原则，则可以给弱势社区更多的权利资源，从而使其能够有效影响规划及其决策。

除了这种基本的改革外，本书第七章和第九章中所列的一系列的政策也需要融入到地方规划之中，以支持社会福利和公正的可持续性的实现。当然，这些规划目标的实现还需要中央政府规划指引的支持。将这些类似的规划实践原则融入到 NPPF 中，不仅可以鼓励地方当局采取“超越增长依赖”的规划方法，还可以支持地方和社区将此类政策融入本地的规划实践。相关的改革措施包括：

· 支持在特殊情况下可以实施特殊的政策，例如当有充分证据证明一个开发项目可以满足低收入社区的各种需求，特别是住房需求的情况下，可以进行特殊处理，给予颁发规划许可；

· 支持基于社区的开发项目，例如全面社区卫生行动项目和社区自建项目，配备相应的场地空间；

· 进一步强调高密度开发政策和混合利用的开发政策，以形成较低的楼面地价；

· 支持居住社区和城镇中心区的改善规划，特别是要支持有助于改进能效水平、社会福利和环境可持续性但市场需求又不高的开发项目；

· 重视二级和三级等较低等级的购物空间以及中小企业的工作空间及其市场；

· 重视对空置房产、地产暂时性利用的必要性，重视对空置房产、地产使用的价值；

· 支持土地的阶段性使用（meanwhile use，指在某一地块还没有被正式购买或利用前，为了某些社会公共福利而对其进行有效利用的做法），在此情况下鼓励更加弹性的规划管理；

· 支持下文所提出的对规划法规体系的修订计划。

提出上述一系列的修订建议的目的，就是要将如下的思想清晰明了地融入国家最高层次的政策之中：以较低的市场价格利用土地——不管是未开发的土地还是已经建成的土地——对于满足地方社区需要具有非常重要的意义。认识到这一思想的重要性后，将有助于平衡以提升土地价格为目标的规划尝试和以社区利益为目标的规划尝试。这意味着在强调购物中心“活力”的同时将融入低价位的消费机会和促进多样性的零售业发展；“竞争力”的言外之意不仅仅是指对城镇中心的有效管理，而且指在“活力”城镇中心为非高端土地利用（次级或者第三级别的土地利用活动）提供空间。而对于NPPF所指出的原则（p8），也即“在处于衰退的城镇中心，为了其未来的发展，地方规划当局应积极鼓励经济活动的发展”，需要将其修正为注重“满足地方社区的零售业需要”。提出这一建议，并不是要对原有的大纲进行重新起草，而是要让中央政府多以地方社区的需求为参照，并给予“超越增长依赖型规划”更多的支持。

3 改革后可利用的规划工具

目前来看，当前施行的规划体系能够提供的规划工具是相对有限的；而从促进超越增长依赖型规划的广泛实践的角度来看，现有的规划工具也很难与这一发展目标相匹配。特别需要强调的是，当前的规划规章制度需要重新修改，以使得其能够更加有效地促进低收入社区的公正和可持续发展，使得其在推进土地利用开发的同时强化国家公正和可持续发展议程的推进。此外，为了丰富规划工具的可选择面，应该加强对土地所有权的使用力度，并配合相应的财政措施。

关于规划规章制度的改革问题，本书前面的多个章节已经多次强调过这些规章制度的重要性。规划的规章制度有助于保护一些现有的特定用地类型，决定哪一类的土地开发可以允许继续推进并协商规划收益问题。同时，配合市场过程，这些规章制度将影响到地方土地市场的发展。对现有规章制度进行改革，可以从如下这些方法开展：

· 在某些特殊情况下，应该坚决执行土地分配政策，以防止在市场主导的开发过程中产生规划投机行为以及由此引起的土地预期价值虚高问题；

· 为了在现有土地价格的基础上实施基于社区的发展，允许执行特殊的政策，为其提供所需的土地资源；

· 为了推进基于社区的发展方式（如自建的发展方式），可以为其配备发展所需的场地；

· 对原有的开发控制的标准化要求，可以增加其执行弹性，以促进有利于公正的可持续发展的生态型建设的实施；

· 明确有助于社区公正和可持续性的共有财富（可能需要更好的术语来表述），保护对地方社区有重要使用价值的土地利用类型，推进社区的公平和环境的可持续发展；

· 在具体的各种规划许可协商过程中，注重社区不同层次的社会群体的参与，支持具有地方针对性的差异化规划政策；

· 制定并执行相关的规划政策以指定特定土地利用和开发的规模，以保护小规模的土地利用开发；

· 允许临时性土地利用的发生，并对这种情况采取弹性的规划管控方法；

· 对土地的阶段性使用，采取弹性的开发控制政策；

· 在土地开发许可协商过程中，由于附加的规划条款而造成土地开发延迟时，允许实施土地的阶段性使用；

· 当某一项开发有利于整体社会福利和公正的可持续发展时，应放宽规划管控决策的执行标准。

本书的核心是讨论规划体系的改革，但是必须要认识到这种改革需要与环境领域所设定并执行的相关住房标准和环境保护标准相统一。例如，要对建成环境做一些基本的规定，以确保其达到的最低健康标准。否则，我们会问：凭什么一个潮湿、长了霉且很难获得暖气的住房能够顺利被租出去？类似的，对污染源的管控也必须予以优先重视，这些污染源既包括类似于工业设施的点污染源，也包括与道路交通类似的面污染源。作为对交通技术的管控方法，大伦敦当局（Greater London Authority）展示了如何通过完备的区划体系（zoning system）来控制交通（但是有将某些污染简单的转移到其他地区的风险），进而影响清洁技术在交通工具中的应用情况[4]。

然而，上述规章制度并不是超越增长依赖型规划的唯一规划工具。实际上，在上文中已经提到了另外两个重要工具：第一是对土地所有权的利用；第二是金融工具的使用，包括补贴和征税等。

有一个观点在前文已经反复提到过，那就是将规划师制定规划方案的角色同地方当局拥有的土地所有权这一权力进行有机结合。如果地方当局能够利用自己所有的土地来引导开发，那么其将克服目前的规划体系中的一个关键缺陷。这就是为什么在斯德哥尔摩、玛尔摩（Malmö）、弗莱堡（Freiburg）等城市的规划能够更加有效运行的原因。实际上，利用公共土地所有权，地方当局还可以在开发商所要求的土地开发类型上附加一些新的开发要求。然而，在英国的规划体系发展历史过程中，以公共土地所有权为基础来编制地方规划的尝试并不令人满意。造成这一结果的一部分原因缘于这些尝试把土地的国有化当作了工作的核心，而不是将逐步建立地方当局所有的土地储备银行作为重点。另一部分原因是因为后续的不同执政政府（通常情况下是保守党政府）对地方当局拥有土地所有权持有相反的观念。通常情况下，后续的执政政府会将出售公有土地当作一种筹集公共资本的手段。

在此情况下，在土地所有权方面需要做出如下改革：

· 以现有价格将公共土地转入到特定的基于社区的开发；

· 允许社区所有的土地所有权形式，并合理使用此种所有权形式；

· 对空置的住房，地方当局有权暂时或永久收回；

· 使用特定的房屋抵押政策，使得空置的房地产能够转到本地的居民和社区群体手中；

· 允许地方当局采取阶段性租赁（在没有再次成功转手之前）措施，并合理使用这种处理办法。

除了转让土地所有权外，还需要利用一些金融手段来实现第七章和第九章所提到的一些发展目标。从财政措施上来看，需要做如下改革：

· 提供专门的资金资助土地的购买以利于社区的发展、资助相关设备的购买以提升社区的管理；

·鼓励采取创新的方法为上述措施的实施筹集资金；

·通过补助和提供特殊贷款的形式来推进对空置房屋的再利用。提供补助主要是为了支付对住房进行必要整修的劳动投入；提供特殊贷款主要是促进空置住房的所有权的转让；

·扩大补贴，以提升处于燃料贫困（fuel poverty，指不能得到基本能源供给）的人口所在地区的能效；

·恢复为了改善社区条件，满足现有居民和中小企业需要而设立的基金；

·改革税收和相关基金的使用政策，以调动对空置不动产的再利用的积极性。例如，取消翻新活动的增值税；不过这要对现行的财政政策在多大程度上阻碍了空置房地产的再利用问题做深入的调查研究。

4　改革后的社区参与制度

至此，我们可以清楚看到，改革后的规划体系中所包含的政策、规划和管理框架将能够更好地支持地方社区的各种活动和需求。如此一来，土地所有权、社区基金和城镇中心和居住区的投资等将可以得到有效利用，以提升地方社区根据自己所需对社区进行改造建设的能力。与上文所述的在规划方案讨论环节或规划许可协商环节的社区参与不同，此处所述的参与方式是一种全新的方式，它强调地方社区居民和商业部门对社区所拥有的社会资源的积极创造累积，并以此为基础推行基于社区的发展行动；他强调的是通过利用地方社区内不同群体之间的关联关系、信任关系和互惠互利关系，实现良好的社区建设。

加伦特（Gallent）和罗宾逊（Robinson）曾指出：社区规划和邻里规划在实践中最后都很难控制新开发项目的介入，这一点是令人非常沮丧的。不过，这两种规划却能够大大促进地方社区内在社会纽带的成长和社区社会资本的生成，而这也正是社区建设的核心之所在[5]。对英国的规划实践而言，北美的许多规划师有很好的社区建设的经验可供借鉴。但是，这些做法可能已经超越了英国规划体系所指定的程序、框架对规划活动所作的约束。

在邻里规划方面的尝试，给英国规划体系的改革提供了新的前景。但是，邻里规划需要地方上的规划师深入到地方社区，进行长时间的详实的社会调查研究。所以，这种尝试实际上就是在规划过程中将社区参与转变成为规划师的深入参与。也就是说，地方上的规划师需要将自己融入社区的动态发展之中，分析并理解社区运行的内在逻辑、内部差异和内部矛盾。此种工作方式的开展，需要大量额外的人力供给，需要开展新的培训活动，以增加地方人群的专业知识水平，以加强对基层群众实践经验（通常情况下，海外的实践较多）的学习。目前，有关这些方面的实践有丰富的指南资料可供参考[6]。

要想将这种规划师——社区互动的规划工作方式变成英国规划体系优先提倡的一个方式，还是具有相当挑战的。但是，以此为目标，可以从如下几个方面来改革社区参与模式：

· 确保在所有的社区参与过程中，低收入社区和较为脆弱的社区能够有充分的机会发出自己的声音，并且也充分支持主张公正可持续发展的群体的意见和建议；

·理解、利用并支持地方社区现有的社会资本，推进基于社区的开发项目；

·利用社区现有的社会资本，提升社区资产设备的管理和维护水平；通过合理的管理架构设计，为集体决策和冲突的解决提供支持；

·利用由地方中小型企业所形成的商业圈的社会资本，提升城镇中心的发展水平。

5　规划的全局审视

通过对全书所阐述观点的总结，本章提出了改革英国规划体系的基本方案。图 10.1 是对改革后的英国规划体系的总结性描述；图 10.2 则是对英国原有的增长依赖型规划范式的阐释。通过两者对比分析，可以看到新的规划体系更加平衡，能够提供更加丰富的规划工具。因此，在不同的地方社会条件和地方经济条件下，新的规划范式的运行将会更加有效。

虽然本书认为改革后的规划体系会更加有效，但这并不是说仅仅依靠新的规划体系就能够为社会福利的提升和公正的可持续发展创造充分的条件。事实上，在前文已经零星提到，如说，福利国家政策的运行、健康服务的有效供给和城镇住房供给计划的恢复等，都是提升低收入家庭福利的重要支撑。再比如说，公正严格地执行住房安全、健康标准和执行严格的污染源管控标准也是必不可少的。然而，当发展目标涉及到城市建成环境的重塑时，

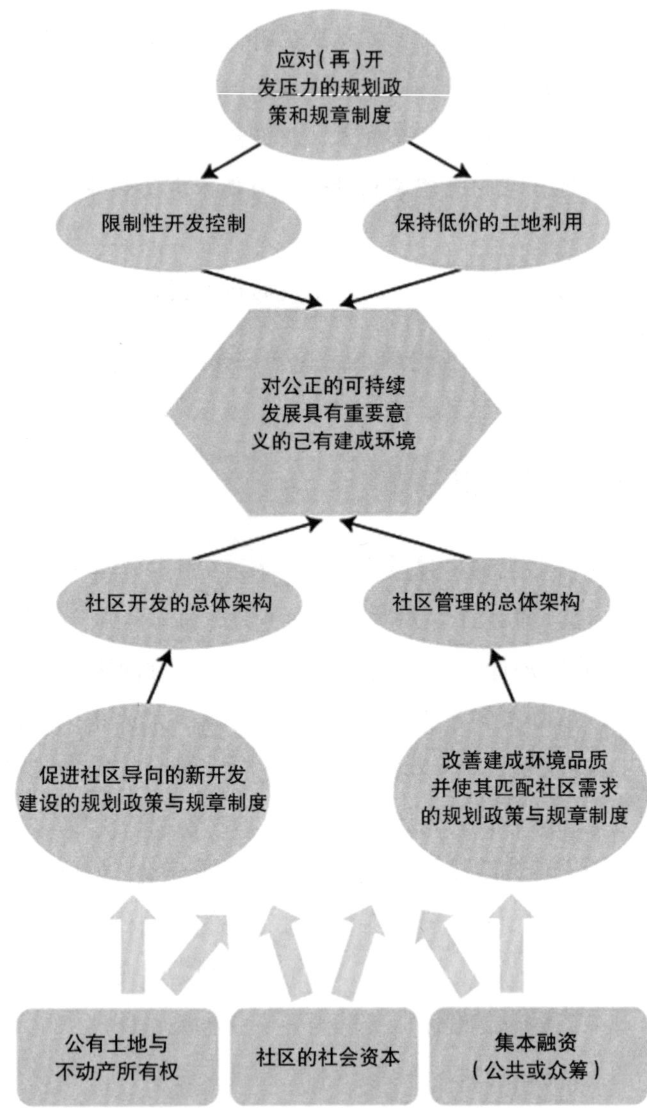

图 10.1　超越增长依赖的规划

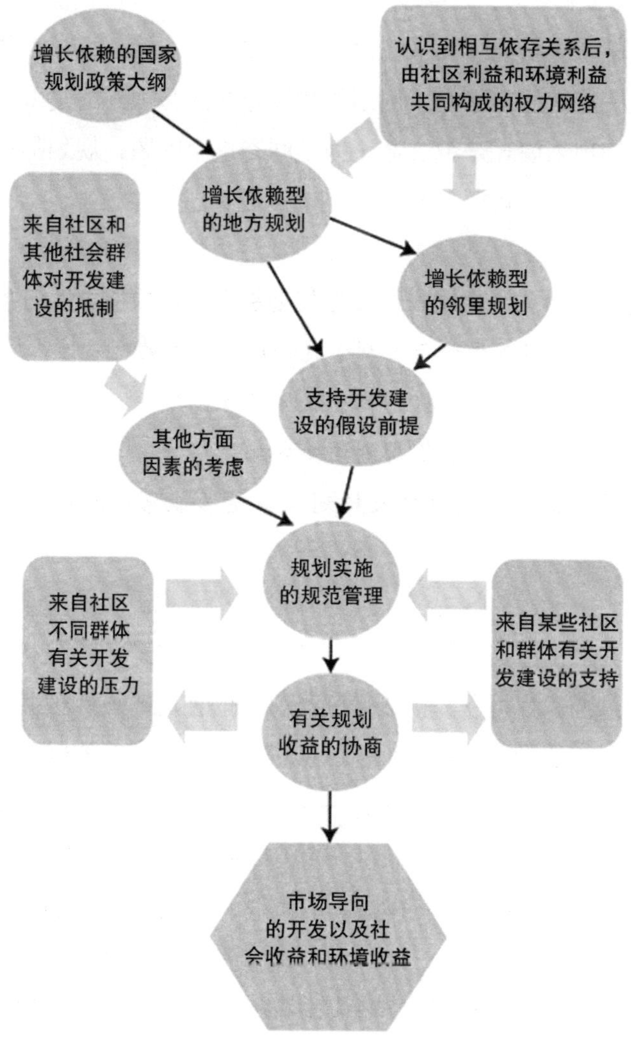

图 10.2　增长依赖型规划

上述目标的实现需要配合其他形式的政府行动才能得以实现。比如规划体系方面的作用则显得尤其重要。下文将重点讨论此方面的问题。

改革后的新规划体系包含两个重要原则。第一，在某些特定的时段和特定的案例中，规划师和地方社区必须弄清楚采取增长依赖型的规划模式是否合适。为了回答这个问题，规划师和地方社区必须首先要问盒子 10.1 所列的问题：

盒子 10.1：考虑增长依赖型规划是否合适的指导性问题

· 当前的经济形势是否利于这种规划模式的有效性?

· 此规划将产生怎样的社会和环境效益?

· 这些利益是否能够得到均衡分配?

· 所提出的发展项目及规划收益是否能够得到地方社区的支持?

事实上，增长依赖型的规划范式还是有提升社区福利的潜能的。比如说，其可以为社区带来高标准的住房、设计精良的绿色空间以及基础设施；可以给社区提供利于人口出行的服务，可以降低社区的环境风险等。更进一步来看，通过对增长依赖型规划收益的协商和配置，还可能为城镇中心打造更多有助于提升社会福利的地段，并改善这些地段周边地区的绿色空间的品质，甚至是人口出行模式。虽然增长依赖型规划在上述方面能够带来积极影响，但在两点上其有明显不足：第一，增长依赖型规划对城市环境的改善能力与新开发项目的规模密切相关。因此，其改善效果在很大程度上受经济发展形势的制约。在经济蓬勃发展时期，增长依赖型规划能够给地方生活带来很大的改善，但能够受益的也许只是一小部分的城市家庭。第二，由于增长依赖型规划以市场驱动为基本动力机制，因此其所创造的高品质环境也许只有高收入家庭才可以享用。这些改善是否能够外溢使得低收入社区获益，主要取决于开发所得的规划收益能否得到合理的协同和配置。但可惜的是,此协商分配过程依然需要以开发项目的市场收益为依据。

此外，从社会福利和可持续发展角度来看，增长依赖型规划在某些方面的效果也能够胜过其他规划范式。例如，从当前受到日益重视的房屋热效率角度来看，和传统房屋相比，采取新标准新建的房屋将会具有更高的热效率。再比如，在开发过程中，不仅可以科学地融入城市所需的绿色空间，而且还可以为开发项目所在地区建设可持续的城市排水系统以防止局部地区的洪涝。此外，通过增长依赖型规划，还使得新建住房有可能规避污染和洪水风险。不过，这需要依靠开发商将开发项目安置在低风险地区，或者通过规划约束，禁止在高风险地区开展建设项目，即使此地的此类开发具有巨大的市场需求。

不过，在增长依赖型规划的背景下，要减少小汽车依赖并提倡绿色的出行模式会显得更加困难。开发项目的区位与现有公共交通网络的关系，在很大程度上取决于开发商所拥有的土地的区位以及允许其购买的土地的空间区位。对开发商来说，要投资交通基础以使得开发项目与现有公共交通相连接，其成本往往显得过于昂贵。不过，某些开发项目也可以采取无车（car-free）的开发模式：不提供停车设施，但提供利于自行车出行的设施，例如自行车道和停车位。在此情况下，要想使其有效运行，就要求这些设施与城市公共交通和自行车道网络取得良好对接。在弗莱堡，倡导的就是无车开发模式。此种模式能够取得良好效果，在于弗莱堡有非常综合的有轨电车系统，这些有轨电车线路与新的开发项目取得了良好的协同对接（这些开发项目所需的土地，通常是利用公共土地所有权的机制来实施投放的）。

在认识到增长依赖型规划范式的内在不足后，我们就需要谈到新规划体系的第二个原则：为新的规划模式提供法律支持以超越增长依赖型规划。也就是说，这些新的规划范式不依赖市场导向的开发模式，而是充分利用地方社区的资源（包括社区居民方面的资源和社区商业活动群体方面的资源）来推进开发，管理并提升当地的环境品质。以此原则为指导，新的规划范式将更加注重场所的价值，更加关注土地当前价值的延续，即使其当前价值处于低位。因此，相对于以提升土地价值为目标之一的增长依赖型规划而言，新的规划范式将满足现有社区，特别是低收入社区的基本需要作为第一目标，以此推进公正的可持续发展。是否采取超越增长的规划范式，首先需要思考盒子 10.2 中所列的问题。

盒子 10.2：采取超越增长依赖的规划需要思考的指导性问题

· 当前社区是否存在更易受到不公平对待的群体？这些群体指获得的社会福利更少的群体，受到城市开发和土地利用变更影响而遭遇利益损失的群体。

· 当前正经历的发展变化是否有利于当地走向一条利于实现环境可持续的未来道路？

由于新的规划范式需要优先考虑满足低收入社区的需求和实现公正的可持续发展，因此在新的规划体系中可能需要向低收入社区做一定程度的倾斜。本书所提出的规划改革的一个内在假设前提，就是规划管理机构会倾向于支持能够实现上述这些目标并能够有效实现可持续目标的规划方案。和市场导向的规划方案相比，这些规划方案将能够得到更高的青睐，并且在规划实施的过程中能够获得更加弹性的管理，从而推进其具体实施。在实际实施过程中，在那些增长依赖型规划不太合适的地方，规划体系中所有偏向市场导向发展的条款都将予以限制，以使得规划制度设计更加有利于社会福利、社会公正和可持续发展。

我们现在需要强调这样的观点：将规划理解为一个系统，一种职业和一系列的社会实践。在此过程中，它能够为不同地区在不同时间段提供最为合适的解决问题的方案，并确保其能够实施。这些方案可以给规划师、地方政客和地方社区提供解决我们在 21 世纪所面对的多种挑战。虽然这些挑战可能是严峻的，但我们应该要以积极的态度进行创造性回应，而不应该采取懒惰的态度，回转到依靠以促进市场导向的增长为方法来解决问题的老路，这种方法往往也是很难奏效的。

行文至此，我将采用哲学家约翰 · 格雷（John Gray）对约翰 · 梅内德 · 凯恩斯（John Maynard Keynes）的相关观点的评论作为话别之言[7]：

经历了灾难性的世界大战后的今天，我们已经不用还为战后的各种后果挣扎不止。但是，欧洲当前的形势带来的风险可能一点也不亚于 1919 年……，面对这些潜在风险，凯恩斯的信徒们主张指引我们前行的唯一道路就是通过政府刺激的方法使经济重返增长之路。

很难想象，针对欧洲当前面对的风险，凯恩斯本人会给出如此简单的观点。这是因为，他一定会认识到这些风险的内在问题决不仅仅是一个不断恶化的萧条问题。我们面临的，是三大事件相互交织在一起的综合问题：在过去二十多年来不断发展起来的基于债务的现代金融资本主义的内爆消融；因自身致命的设计缺陷而导致的欧盟经济体的日渐散碎；以及新经济力量从快速发展的西方国家不断向东方国家和南半球国家转移的现实……

对在此情景下重返增长的这一展望，我推测凯恩斯很有可能会对之持怀疑态度。在老年化问题和过度负债的双重压力下，要想和目前正处于快速经济扩张的新兴国家保持同样的增长速度，对我们来说其希望是相当渺茫的。因此，着重思考如何在低增长条件下依然能够享有美好的生活，是不是会显得更切实际？

注 释

前言

1 赖丁(Rydin)的著作(2010a)。

2 参见杰克逊(Jackson)的著作(2009)。

第一章

1 由最重要的理论家完成的工作,包括皮埃尔(Pierre)与彼得斯(Peters)的著作(2000),贝瑞尔(Berir)与罗兹(Rhodes)的著作(2003)以及斯托克(Stoker)的著作(2003),一个由皮埃尔(Pierre)完成的很好的编辑集合(2000)。

2 这个经典引用的来源参见斯通(Stone)的著作(1989)。

3 这里关键的支持者是鲍勃·杰索普(Bob Jessop);例如,参见 Jessop 的著作(2008)。

4 帕齐·希利(Patsy Healey)对这种方法做了最多的发展,例如,参见希利(Healey)的著作(2006)。

5 尤尔根·哈贝马斯(Jürgen Habermas)的工作是广泛的,埃里克森(Eriksen)

与维加德(Weigård)的著作(2003)提供了一种有效的介绍。

6 《协作规划》第二版的引言讨论了这一点,参见希利(Healey)的著作(2006)。

7 参见英尼斯(Innes)和布赫(Booher)的著作(2010)。

8 提供这样批判的一篇关键论文来自图德—琼斯(Tewdwr-Jones)和阿尔蒙丁格尔(Allmendinger)的著作(1998)。

9 林德布洛姆(Lindblom)的著作(1977)仍然作为关于商业组织实施一个投资门路之潜能的一篇关键参考文献，这个概念被用于赖丁（Rydin）的著作(1986)里的一个规划语境中。

10 再次参见图德—琼斯(Tewdwr-Jones)和阿尔蒙丁格尔(Allmendinger)的著作(1998)。

11 参见罗泽(Rozee)和鲍威尔(Powell)的著作(2010)。

12 参见赖丁(Rydin)的著作(1999)查看述评。

13 参见网站www.southwark.gov.uk/info/200152/section_106/796/current_project_bank_ideas。

14 威廉姆斯(Williams)的著作(2012)在零碳住宅方面提供了一个极好的研究进展。

15 参见英尼斯(Innes)和布赫(Booher)的著作(2010)。

16 珍·希利尔(Jean Hillier)是规划对抗观点的主要倡导者;例如,参见希利尔(Hillier)的著作(2002)。

17 亚当·斯密研究所(Adam Smith Institute)专门从事这种方法研究,例如参见，www.adamsmith.org/sites/default/files/research/files/ASI_Planninginafreesociety.pdf。

18 英国规划师网络(The Planners Network UK)正在探索这种方法;参见网站www.pnuk.org.uk。

第二章

1 关于规划的历史可以在卡林沃思（Cullingworth）的著作（1999），赖丁(Rydin)的著作(2003,第一部分)以及沃德(Ward)的著作(2004)中查阅。

2 安布罗斯(Ambrose)和科伦鲁特(Colenutt)的著作(1975)仍然是关于这个

时期最好的和最容易理解的文献。

3　参见霍尔(Hall)的著作(1980)《大规划灾难》的讨论。

4　邓利维(Dunleavy)的著作(1981)完全包含了这一点。

5　参见埃文斯(Evans)的著作(1980,2004),柴郡(Cheshire)与谢泼德(Sheppard)的著作(2004,2005)以及柴郡(Cheshire)的著作(2005)。

6　参见赖丁(Rydin)的著作(1986)。

7　阿尔蒙丁格尔(Allmendinger)与托马斯(Thomas)的著作(1998)讨论了这个时期规划的许多方面;艾美瑞(Imrie)与托马斯(Thomas)的著作(1999)和布朗利尔(Brownill)的著作(1990)都包含了城市开发企业,也参见布林德利以等人(Brindley et al)的著作(2006)。

8　参见克劳福德以等人(Crawford et al)的著作(2009),查阅关于气候变化和规划政策的完整论述。

9　此项后续验查要求,最早见于 1994 年的规划政策指引注解 13(PPG13)中对交通和规划的规定。镇中心作出类似规定,则作为正式的中央政府政策见于 1996 年的 PPG6。

10　2005 年的城市专案组报告通过政府政策建立了这种方法,另请参见卡尔莫纳等人(Carmona et al)的著作(2010)。

11　参见副首相办公室(ODPM)文件(2003)。

12　巴里·李约瑟(Barry Needham)的著作(2006)有关于这点很好的讨论。

13　国家规划政策大纲 NPPF（社区和地方政府部 DCLG，2012a）可在网站 www.gov.uk/government/uploads/system/uploads/attachment_data/file/6077/2116950.pdf 上获得；威尔士同样的文件在网站 http://wales.gov.uk/topics/planning/policy/ppw/? lang=en 上可以获得;苏格兰的在网站 www.scotland.gov.uk/Publications/2010/02/03132605/0 上,以及北爱尔兰版本,是以一个区域开发策略的形式在网站 www.planningni.gov.uk/index/policy/regional_dev.htm 上。

14　NPSs（国家政策声明）可以从规划督察组门户网站 http://infrastructure.planningportal.gov.uk/legislation-and-advice/national-policy-statements 上获得；国家基础设施规划，包括它的各种更新，可以从财政部门网站

www.hm-trcasury.gov.uk/infrastructure_nip.htm 上获得。

15 参见赖丁的著作(1986)。

16 这是由当地住房交付小组以实践指导的方式提议的,“在英国,一个涉及房屋建筑的相关利益团体的跨行业组织”;参见网站 www.local.gov.uk/web/guest/environment-planning-and-housing/-journal_content/56/10171/3619786/ARTICLE-TEMPLATE。

17 参见加伦特(Gallent)和罗宾逊(Robinson)的著作(2012)。

18 参见网站 www.gov.uk/government/uploads/system/uploads/attachment_data/file/11500/399267.pdf 提供的社区和地方政府部(DCLG)的指导(2007)。

19 《企业区创办计划书》(DCLG,2011)可在网站 www.gov.uk/government/uploads/system/uploads/attachment_data/file/6274/1872724.pdf 上获得。

20 规划督察组门户网站在网站 www.planningportal.gov.uk/planning/planninginspectorate 上可以获得。

21 《规划与强制购买法案》(2004)第 38 节中写明规划申请决策“必须与[开发]计划一致,除非有其他实质性的注意事项表明没有这个要求”。

22 可参见国家基础规划门户网站 http://infrastructure.planning-portal.gov.uk。

23 参见加伦特(Gallent)和罗宾逊(Robinson)的著作(2012)。

24 参见英尼斯(Innes)与布赫(Booher)的著作(2010)。

25 参见赖丁(Rydin)与彭宁顿(Pennington)的著作(2000)。

26 参见加伦特(Gallent)和罗宾逊(Robinson)的著作(2012)。

27 参见李等人(Lee et al)的著作(2013)。

第三章

1 参见奥克斯利(Oxley)的著作(2004)查找一份可理解的介绍。

2 农业用地价值的数据来自骑士弗兰克国际咨询(Knight Frank)的英格兰农场指数,可在网站 http://my.knightfrank.com/research-reports/english-farmlandindex.aspx 上获得,住宅用地价值数据来自估价署(Valuation Office Agency),可在网站 www.homesandcommunities.co.uk/ourwork/residential-

landvalue-data 上获得。

3 余值法在很多有关标准估价的文章中有解释，例如，米林顿（Millington）的著作（2000）或斯卡雷特（Scarrett）的著作（1990）。

4 参见亚当斯（Adams）的著作（2008）。

5 环境经济学教科书中有很大一部分来探讨这一观点；例如，参见帕尔曼等人（Perman et al）的著作（2011）。

6 参见上文。

7 建筑行业就业与产出数据来自网站 www.ons.gov.uk/ons/index.html。

8 这在（Hague and Hague）（2011）中得到了讨论。

9 参见上文。

10 所有详细说明参见项目网站 www.elephantandcastle.org.uk/pages/home/0/elephant_castle.html。

11 引用来自网站 www.southwark.gov.uk/elephant。

12 参见基钦（Kitchen）的著作（2007），特别是第二章和第三章。

13 网站 www. PlanningResource.co.uk/go/cil_maps 上有一个有用的资源，阐述如何提出社区基础设施征税（CIL）的利率；也可参见蒙克（Monk）与布格斯（Burgess）的著作（2012），可在网站 www.rics.org/uk/knowledge/research/research-reports/s106-to-cil-transition 上获得。

14 地方政府财政数据来自《英格兰地方政府财政统计》（2012）可在网站 www.gov.uk/government/uploads/system/uploads/attachment_data/file/7476/2158981.pdf 上获得。

15 城市交易的更详细的内容可在网站 www.dpm.cabinetoffice.gov.uk/content/city-deals 上获得。

16 赫塞尔廷（Heseltine）评论的详细内容可在网站 www.gov.uk/government/publications/no-stone-unturned-in-pursuit-of-growth 上获得。

17 新房补贴的详细内容可在网站 www.gov.uk/government/policies/increasing-the-number-of-available-homes/supporting-pages/newhomes-bonus 上获得。

第四章

1 数据为2009年英国经济制造业份额,来自英国情报服务社BIS(2010),可在网站 www.bis.gov.uk/assets/BISCore/business-sectors/docs/m/10-1333-manufacturing-in-the-UK-an-economic-analysis-of-the-sector.pdf 上获得。

2 尼古拉·康德拉迪捷夫(Nikolai Kondratiev),一个俄罗斯斯大林时期的经济学家,他在1925年所著的《主要经济周期》一书中假设了这种经济循环的存在。它们被约瑟夫·熊彼特(Joseph Schumpeter)命名为康德拉迪捷夫长波(参见下文)。

3 约瑟夫·熊彼特(Joseph Schumpeter)是一位美籍奥地利经济学家和政治科学家,他在1943年所著的《资本主义、社会主义与民主》书中在创造性破坏周期方面分析了资本主义。

4 大卫·哈维(David Harvey)是一位现在工作于美国的英国地理学家,他从马克思主义视角写了很多关于城市问题的文字,与这里非常相关的可能是他1985年的著作《资本的城市化》。他的个人网站是http://davidharvey.org并且通过@profdavidharvey推文。

5 世界银行2012年7月份数据,来自网站 www.bbc.co.uk/news/business-18815595。

6 数据和接下来的引用来自戴维(Davis)的著作(2011)。

7 这些人口统计数据提取于国家统计局2012的报告,可在网站 www.google.co.uk/url? sa=t&rct=j&q=&esrc=s&source=web&cd=4&ved=0CDUQFjAD&url=http%3A%2F%2F www.ons.gov.uk%2Fons%2Frel%2Fpensions%2Fpension-trends%2Fchapter-2—population-change—2012-edition-%2Fbkd-pt2012ch2.pdf&ei=xJZyUI6IHKi_0QXCkYDICA&usg=AFQjCNFmH_C7LcENJkLja7gI97qXuygKVg 上获得。

8 例如,参见布鲁姆等人(Bloom et al)的著作(2011),可在网站www.nber.org/papers/w16705 或 www.hsph.harvard.edu/pgda/WorkingPapers/2011/PGDA_WP_64.pdf 上获得。

9　参见索恩利(Thornley)的著作(2012)关于对这个观点的发展。

10　参见众议院(House of Commons)(2008)。

11　参见古德利(Goodley)与鲍尔斯(Bowers)的著作(2012)。

12　参见西列特(Sillett)的著作(2013)。

13　参见加菲尔德等人(Garfield et al)的著作(2013)。

第五章

1　参见赖丁(Rydin)的著作(2010b);这包含了本节中的很多材料。

2　关于生态的现代化有很多出版物,例如,参见摩菲(Murphy)与高德逊(Gouldson)的著作(2000),莫尔(Mol)与索南菲尔德(Sonnenfeld)的著作(2000b),杨(Young)的著作(2000),莫尔(Mol)与索南菲尔德(Sonnenfeld)的著作(2000a,2000b),伦德奎斯特(Lundqvist)的著作(2004)与巴雷特(Barrett)的著作(2005)。

3　上文倾向于集中在国家层面;在一个相对较低的规模讨论这个概念,参见吉布斯(Gibbs)的著作(2000,2003)。

4　零碳中心提供了一个有关零碳住宅的门户网站 www.zerocar-bonhub.org;关于非住宅开发的讨论并不是那么前沿。

5　参见零碳中心(2011),可在网站 www.zerocarbonhub.org/resourcefiles/Allowable_Solutions_for_Tomorrows_New_Homes_2011.pdf 上获得。

6　参见哈斯金斯(Haskins)的著作(2007)和多梅尼克(Domenech)的著作(2009)。

7　参见社区与地方政府部 DCLG(2012a)。

8　关于BRE创新园的信息在网站www.bre.co.uk/innovationpark上可以获得,相关信息在可持续建筑产品联盟网站上也可以看到——www.asbp.org.uk/members。

9　参见方丹(Fountain)DCLG(2012),可在网站 www.nytimes.com/interactive/2012/06/05/science/0605-timber.html 上获得。另外参见布里德波特住宅 Bridport House,肖尔迪奇(Shoreditch):www.karakuseviccarson.com/2012/bridport-house-hackney。

10 参见网站 www.eyeswideopen.com。

11 参见斯特吉斯(Sturgis)与罗伯茨(Roberts)的著作(2010)。

12 经典的著作是魏茨泽克(Weizsäcker)等人的著作(1998);在“因素四”、“因素十”等名义下催生了大量的活动,通过互联网搜索可以很容易得到相关信息。

13 参见关于可持续能源管理与建筑环境的《远见》报告,全球观测系统 GOS(2008)。接下来的引用来自第 59 页,相关脚注编号为 58。

14 参见帕特里克·迪瓦恩—赖特(Patrick Devine-Wright)与西蒙·盖伊(Simon Guy)的作品,例如盖伊与肖夫(Shove)的著作(2000),盖伊的著作(2006),迪瓦恩—莱特(Devine-Wright)的著作(2007)以及迪瓦恩—莱特与克莱顿(Clayton)的著作(2010)。

15 参见社区与地方政府部 DCLG(2012a)。

16 赖丁(Rydin)的著作(2010b)中综述了这些,另请参见威廉姆斯(Williams)的著作(2012)。

17 关于“绅士化(gentrification)”有丰富的材料,一些代表性的参考文献为朱克英(Zukin)的著作(1987),史密斯(Smith)的著作(1996),哈姆内特(Hamnett)的著作(1991)和利斯(Lees)的著作(2000),以及利斯等人(Lees et al)的著作(2008)中一个有用的汇编。

18 关于规划收益控制准则的指导意见可以通过规划门户网站找到 www.planningportal.gov.uk/planning/applications/decisionmaking/conditionsandobligations; 当前最好的实践指导意见可在网站 www.gov.uk/government/publications/planning-obligations-practice-guidance 上获得。

19 关于儿童贫困研究的全部详细资料,包括报告和可探索的地图,可在网站 www.endchildpoverty.org.uk/why-end-child-poverty/poverty-in-your-area 上获得。

20 这个引用来自《经济学人》杂志 2011 年 3 月 10 日题为“贫富地区之间差距由于经济衰退扩大”的一篇文章(www.econo-mist.com/node/18332880?story_id=18332880)。

21 讨论的文章为巴克纳(Buckner)与艾斯科特(Escott)的著作(2009),罗夫特曼(Loftman)与内文(Nevin)的著作(1995),以及阿特金森(Atkinson)的著作(2004)。

22 参见网站 www.neweconomics.org/press/entry/buying-local-worth-400-percentmore 以便获得更多的详细资料，以及交互工具可在网站 www.neweconomics.org/projects/plugging-leaks 上获得。

23 参见奥克斯利(Oxley)的著作(2004)查找环境外部性概念的介绍。

24 参见沃克(Walker)的著作(2012)查找环境公平性概念的杰出评论。

25 参见沃克(Walker)的著作(2012)第 67 页,关于这种规划逻辑是如何强化环境不公平性的。

第六章

1 参见杰克逊(Jackson)的著作(2009)。

2 理查德·莱亚德(Richard Layard)的思想在 2003 年 3 月莱昂内尔·罗宾斯(Lionel Robbins)的讲座中被完全地表达出来,可在网站 http://stoa.org.uk/topics/happiness/Happiness % 20- % 20Has % 20Social % 20Science % 20A % 20Clue.pdf 上获得,具体要点被写入讲稿的第一部分,第 15 页。

3 参见杰克逊(Jackson)的著作(2009,pp40-2)。

4 这一要点被写入讲稿的第二部分;参见上文注释 2。

5 库兹涅茨(Kuznets)的著作(1962)。

6 这个引用随处可见，例如网站 www.utne.com/realizing-the-vision/real-change-is-up-to-us.aspx。

7 真正进展指数的详细内容可在网站 http://rprogress.org/sustainability_indicators/genuine_progress_indicator.htm 上获得。

8 世界银行的真正储蓄存款初始利率倡议的详细内容在网站 http://web.worldbank.org/WBSITE/EXTERNAL/TOPICS/ENVIRONMENT/EXTEEI/0, contentMDK: 20502388~menuPK: 1187778~pagePK: 148956~piPK:216618~theSitePK:408050,00.html.上,后面的指标也受到批判,例如,参见皮尔莱利斯迪(Pillarisetti)的著作(2005)。

9 “快乐星球指数” 的网站为 www.happyplanetindex.org; 参见新经济基金会

NEF(2012)查找他们的衡量福利的提议。

10 参见阿歇姆(Asheim)的著作(2000)。

11 英国国家福利网站为 www.ons.gov.uk/ons/guide-method/user-guidance/well-being/index.html。

12 参见威尔金森(Wilkinson)与皮克特(Pickett)的著作(2010)。

13 迈克尔·马尔默特(Michael Marmot)关于健康不平等性的著作,资源的入口可在网站 www.instituteofhealthequity.org 上获得。

14 参见马尔默特评论(Marmot Review)(2010),可在网站 www.instituteofhealthequity.org/projects/fair-society-healthy-lives-the-marmot-review 上获得。

15 参见沃克(Walker)的著作(2012)。

16 参见阿耶曼(Agyeman)的著作(2013)。

17 对泰晤士河潮汐隧道需要是因为基于水特征的排水系统主导范式以及现有处理雨水与污水下水道相结合的特性，进一步的详细信息可在网站 www.thameswater.co.uk/about-us/10115.htm 上获得。

18 欧洲关于土壤与水资源管理的 EUGRIS 门户网站提供了这个数据，网址为：www.eugris.info/FurtherDescription.asp? Ca=1&Cy=1&DocID=C&DocTitle=Statistics_and_related&T=United%20Kingdom&e=456。

19 《英国地质调查 The British Geological Survey》(www.bgs.ac.uk)是这里信息的重要来源。

20 英国气候影响计划(UKCIP)提供了与气候变化有关的环境危险的大量来源,网址为 www.ukcip.org.uk。

21 参见克劳福德等人(Crawford et al)的著作(2009)。

22 数据来自交通部门,网址为 www.gov.uk/government/uploads/system/uploads/attachment_data/file/3085/41.pdf。

23 数据来自政府统计资料《地球之友》简报的概要,简报主要以道路运输、空气污染和健康为主题,网址为 www.foe.co.uk/resource/briefings/road_air_pollution_health.pdf。

24 数据来自 FAC 基金会,可在网站 www.racfoundation.org/assets/rac_foundation/content/downloadables/road % 20accident % 20casualty % 20compari-

sons%20-%20box%20-%20110511.pdf 上获得。

25 参见 GOS(2007)。

26 由《庇护所(Shelter)》提供了关于住房统计的一个有价值的数据库,网址为 http://england.shelter.org.uk/professional_resources/housing_databank。

27 参见皮卡德(Pickard)与帕克(Parker)的著作(2013)。

28 参见网站 www.gov.uk/government/organisations/department-for-communities-andlocal-government/series/english-housing-survey。

29 参见英国能源与气候变化部 DECC2012a),可在网站 www.gov.uk/government/uploads/system/uploads/attachment_data/file/66017/5272-fuel-poverty-onitoringindicators-2012.pdf 上获得。

30 参见赖丁等人(Rydin et al)的著作(2012)。

31 由特邹拉斯等人(Tzoulas et al)的著作(2007)提供的综述评论;另请参见赖丁等人的著作(2012)。

32 参见乌利奇(Ulrich)的著作(1984),哈蒂格等人(Hartig et al)的著作(1991)以及沃夫(Wolf)与弗洛拉(Flora)的著作(2010)。

33 参见网站 www.rspb.org.uk/Images/everychildoutdoors_tcm9-259689.pdf(p6)。

34 参见沃夫(Wolf)与弗洛拉(Flora)的著作(2010)。

35 参见皮尤等人(Pugh et al)的著作(2012)。

36 参见吉尔等人(Gill et al)的著作(2007)。

37 参见里格利(Wrigley)的著作(2002),博拉克等人(Beaulac et al)的著作(2009)和阿耶曼(Agyeman)的著作(2013)。

第七章

1 奥克斯利(Oxley)的著作(2004)提供了关于住房市场运行方式的介绍。

2 参见克鲁克(Crook)与怀特海德(Whitehead)的著作(2002)和怀特海德的著作(2007);这个条款的定义已经与中央政府政策不同,以至于在利文斯通(Livingstone)市长执政期间,它包括例如职工住房和住房协会提供的住房这些类别,现状也用来包含低于市场价的待售住房。

3 参见蒙塔古(Montague)(2012);蒙塔古评论的详细内容可在网站www.gov.uk/government/news/montague-plan-offers-boost-to-private-rented-sector上获得。

4 例如参见网站www.homesandcommunities.co.uk/ourwork/s106上的通知与背景资料。

5 参见霍尔等人(Hall et al)的著作(1973)。

6 参见巴克(Barker)的著作(2004);巴克评论网站仍然为www.barkerreview。

7 参见赖丁(Rydin)的著作(1986)。

8 可以收取的数额取决于租约的种类:有担保的、有保险的或者保障性住房;详细内容解释于网站 www.adviceguide.org.uk/england/housing_e/housing_renting_a_home_e/renting_from_a_social_housing_landlord.htm上。

9 详细内容可在网站http://england.shelter.org.uk/get_advice/housing_benefit_and_local_housing_allowance/changes_to_local_housing_allowance/housing_benefit_changes_2013上获得;另请参见史蒂芬(Stephens)与威廉姆斯(Williams)的著作(2012)。

10 购买权的详细内容可在网站www.gov.uk/right-to-buy-buyingyour-council-home/overview 上获得;当前政策信息被列入社区与地方政府部 DCLG(2012b),包括收入的使用;可在网站www.gov.uk/government/uploads/system/uploads/attachment_data/file/5937/2102589.pdf上获得。

11 参见柯林森(Collinson)的著作(2012a)。

12 参见柯林森(Collinson)的著作(2012a,2012b)。

13 引用来自网站www.tcpa.org.uk/pages/garden-cities.html。

14 参见网站www.tcpa.org.uk/pages/garden-cities.html。

15 参见赫瑟林顿(Hetherington)的著作(2012),另请参见www.letchworth.com/heritage-foundation。

16 参见威廉姆斯(Williams)的著作(2012)。

17 参见城乡规划协会 TCPA(2011)。

18 参见网站www.cltfund.org.uk。

19 这是基于网站www.communitylandtrusts.org.uk上列出的信托。

20 科因街的故事被讲述于布林德利等人(Brindley et al)的著作(2006)。

21 柯林·沃德的著作《住房的隐性历史》可在线获得,网址为 www.historyandpolicy.org/papers/policy-paper-25.html。

22 引用提取自网站 http://thedabbler.co.uk/2011/06/plotlands。

23 参见伊恩·阿贝（Ian Abley）的在线材料，网址为 www.audacity.org/IA-05-04-09.htm。

24 参见上文注释 21。

25 参见皮克里尔(Pickerill)与马克西(Maxey)的著作(2009,2012)。

26 数据来自社区与地方政府住房与建设统计部门，可在网站 www.gov.uk/government/organisations/department-for-communities-and-local-government/series/house-buildingstatistics 上获得。

27 参见网站 www.gov.uk/government/news/first-self-buildprojects-to-benefit-from-multi-million-fund 上的公告。

28 关于阿米尔(Almere)的详细内容可在自建房门户网站 www.selfbuild-portal.org.uk/homeruskwartier-district-almere 上获得;弗莱堡(Freiburg)的伯格仁朋(Baugruppen)项目被包含于利特尔(Little)的著作(2006)。

29 英国政府(HM Government)(2012)。

30 参见 WSBF(2011)。

31 孟加拉乡村发展委员会(BRAC)网站是 www.brac.gov:另请参见遗产顾问西莉亚、克拉克(Celia Clark)的网站 www.celiaclark.co.uk/index.php? option=com_content&view=art icle&id=55&Itemid=37。

32 参见加伦特(Gallent)与贝尔(Bell)的著作(2000)。

33 参见上文注释 21。

第八章

1 详细内容可参见网站 www.planningportal.gov.uk/permission;在“共有项目”情况下,为了商业正确地将“变更使用功能”联系起来需要更多关于《使用级别准则》的信息。

2 社区与地方政府部 DCLG(2012a)。

3 参见史密斯(Smith)的著作(2012)。

4 参见菲尔姆(Ferm)的著作(2014)。

5 参见维斯姆斯特市政府核心战略(the Westminster City Council Core Strategy),网址为 www.westminster.gov.uk/services/environment/planning/ldf/corestrategy。

6 参见英国能源与气候变化部 DECC(2012b),查找可用措施的综述。

7 参见琼斯(Jones)的著作(2013)。

8 更多的详细信息可在网站 www.marleyeternit.co.uk/Roofing/Concrete-Tiles/EcoLogic-Ludlow-Major-Interlocking-Tile.aspx 上获得。

9 参见邓肯(Duncan)的著作(1974)和多尼森(Donnison)的著作(1974)。

10 参见柯伦(Curran)与哈密尔顿(Hamilton)的著作(2012)。

11 参见爱乐维(Ellaway)与麦金泰尔(Macintyre)的著作(2000),罗宾逊等人(Robinson et al)的著作(2000)和道勒(Dowler)与卡若尔(Caraher)的著作(2003)。

12 参见罗杰·特米河(Roger Tym)与帕特勒斯(Partners)的著作(2000),可在网站 www.nrpf.org.uk/PDF/retailcapacity.pdf 上获得。

13 参见 CB 希利尔·帕克(CB Hillier Parker)的著作(2000),可在网站 www.nrpf.org.uk/PDF/secondaryshopping.pdf 上获得。

14 这些被列在网站 www.nrpf.org.uk/PDF/summary.pdf 上。

15 参见肯尼迪(Kennedy)的著作(2012)。

16 杰拉·布莱亚斯(Ziella Bryars)的在线资料可在网站 http://wiki.emptyshopsnetwork.co.uk/index.php/W12_Shopping_Centre 上获得。

17 这个倡议的详细内容可在网站 www.gov.uk/government/policies/improving-high-streets-and-town-centres 上获得。

18 参见冈萨雷斯(Gonzalez)与韦利(Waley)的著作(2012)。

19 参见网站 http://theteenagemarket.co.uk。

20 爱伊莎(Aiesha)的著作(2010)。

21 参见菲尔姆(Ferm)的著作(2014)。

22 参见的数据来自网站 http://england.shelter.org.uk/professional_resources/

housing_databank。

23 保障性住房计划的详细信息可在网站www.homesandcom-munities.co.uk/affordable-homes 上获得。

24 参见格里菲斯(Griffiths)的著作(2010)。

25 然而，受到来自欧洲委员会的压力，需要提高节能材料增值税，参见网址www.building4change.com/page.jsp? id=1688。

26 参见社区与地方部DCLG(2006)，可在网站www.gov.uk/government/publications/empty-dwelling-management-orders-guidance-for-residential-property-owners 上获得。

27 参见 SQW 咨询公司(SQW Consulting)(2010)。

28 更多的详细内容可在网站 www.renewaustralia.org 上获得。

29 参见杰基·萨迪克(Jackie Sadek)的博客，网址为www.estatesgazette.com/blogs/jackie-sadek/temorary use。

30 更多的详细信息参见网站 www.meanwhile.org.uk。

31 更多的详细内容可在网站 www.insidehousing.co.uk/closing-time-for-livingover-the-shop-project/1446809.article 上获得。

32 来源于网站 www.davislangdon.com/upload/StaticFiles/EME%20Publications/Capital%20Allowances%20Technical%20Data/CA_TB09.pdf。

第九章

1 参见杜林(Dooling)的著作(2012)查看关于无家可归之人与公园关系的观点。

2 引用来自弗林特(Flint)的著作(2012,202 页)。

3 参见全球观测系统 GOS(2007)。

4 参见阿特金森(Atkinson)与弗林特(Flint)的著作(2004)。

5 参见明顿(Minton)的著作(2009)。

6 参见卡雷尔(Carrell)的著作(2012)。

7 例如，参见肯内利(Kennelly)的著作(2011)，关于年轻人与奥林匹克公园开发有关的经历。

8 下面的一些例子取自麦克维(McVeigh)的著作(2012)。

9 参见伍丁等人(Woodin et al)的著作(2010)。

10 参见彭宁顿(Pennington)与赖丁(Rydin)的著作(2000)。

11 关于社区花园与粮食种植的文献在不断增加;参见阿耶曼(Agyeman)的著作(2013),艾森伯格(Eizenberg)的著作(2013),由"英格兰乡村社区行动"发行的指南可在网站www.acre.org.uk/our-work/community-led-planning/News/New+Community+Food+Growing+Topic+Sheet 上获得。

12 参见约翰斯顿(Johnston)的著作(2012)。

13 参见《英国卫报》2012 年 6 月 28 日版 13 页的一篇文章。

14 参见"Pub is the Hub"网站,网址为 www.pubisthehub.org.uk。

15 赖丁(Rydin)的著作(2010a,63 页)。

16 案例来自汉普斯特德(Hampstead)(www.keatscommunitylibrary.org.uk),弗里赫尔·巴尼特(Friern Barnet)(www.fbpeopleslibrary.co.uk)和坚守岭(Kensal Green)(www.savekensalriselibrary.org-still at campaign stage)。

17 参见网站 http://suffolkreads.onesuffolk.net/news/new-chapter-for-suffolk-s-libraries。

18 参见艾肯等人(Aiken et al)的著作(2011)。

19 参见网站 http://atu.org.uk。

20 参见上文。

21 参见网站 http://locality.org.uk/locality。

22 参见上文。

23 参见 Hielscher 的著作(2011)中的一个评论和 Seyfang 与 Haxeltine 的著作(2012)中的一个讨论;另请参见琼斯(Jones)的著作(2012)。

24 参见网站 www.brightonenergy.org.uk and www.bristolenergy.coop。

25 参见网站 http://spacehive.com。

26 参见网站 www.prsc.org.uk 和 www.gasworksdock.org.uk。

27 参见 Kaszynksa 等人(Kaszynksa et al)的著作(2012)。

28 原创作品是哈丁(Hardin)的著作(1968),并且可以在网上获得。

29 例如,参见彭宁顿(Pennington)的著作(2000)。

30 除了参见奥斯特罗姆(Ostrom)的著作(1994)和奥斯特罗姆等人(Ostrom et al)的著作(1990),诺贝尔奖获得者也提供了丰富的参考文献。

31 社会资本的文献很广泛,城市规划语境相关有用的概念评论是由这些作品提供:卡恩斯(Kearns)的著作(2003),赖丁(Rydin)与霍尔曼(Holman)的著作(2004),米德尔顿等人(Middleton et al)的著作(2005)以及黛儿(Dale)与纽曼(Newman)的著作(2010)。

32 参见加伦特(Gallent)和罗宾逊(Robinson)的著作(2012)。

第十章

1 参见社区与地方政府部 DCLG(2012a)。

2 这个应用可以在美国环保部网站 www.epa.gov/environmentaljustice 上找得到。

3 奥尔胡斯公约(Aarhus Convention)的详细内容可以在网站 http://ec.europa.eu/environment/aarhus 上发现。

4 关于"大伦敦政府低排放区"(the Greater London Authority Low Emissions Zone)的详细内容参见网站 www.london.gov.uk/priorities/transport/green-transport/low-emission zonedelivering-clcancr-air-in-london。

5 参见加伦特(Gallent)和罗宾逊(Robinson)的著作(2012)。

6 例如,参见伟茨(Wates)的著作(2000),哈姆迪(Hamdi)的著作(2010)以及罗斯兰德(Roseland)的著作(2012)。

7 格雷(Gray)的著作(2012)。

参考文献

1 Adams, D. (2008) *Greenfields, brownfields and housing development,* London: Wiley Books.

2 Agyeman, J. (2013) *Introducing just sustainabilities: Policy, planning and practice,* London: Zed Books.

3 Aiesha, R. (2010) 'Planning for markets: understanding the role of planning policy and management approaches in sustaining markets in London', MPhil thesis, Bartlett School of Planning, University College London.

4 Aiken, M., Cairns, B., Taylor, M. and Moran, R. (2011) *Community organisations controlling assets: A better understanding,* York: Joseph Rowntree Foundation.

5 Allmendinger, P. and Thomas, H. (1998) U*rban planning and the British New Right,* London: Routledge.

6 Ambrose, P. and Colenutt, B. (1975) *The property machine,* Harmondsworth: Penguin.

7 Asheim, G. (2000) 'Green national income accounting: why and how?' *Environment and Development Economics,* vol 5, pp25-48.

8 Atkinson, R. (2004) 'The evidence of the impact of gentrification: New lessons for the urban renaissance?', *European Journal of Housing Policy,* vol 4, no 1, pp107-31.

9 Atkinson, R. and Flint, J. (2004) 'Fortress UK? Gated communities, the spatial revolt of the elites and time-space trajectories of segregation', *Housing Studies,* vol 19, no 6, pp875-92.

10 Barker, K. (2004) *Review of housing supply: Delivering stability: Securing our future housing needs,* London: Office of the Deputy Prime Minister.

11 Barrett, B.F. (2005) *Ecological modernization and Japan,* London: Routledge.

12 Beaulac, J., Kristjansson, E. and Cummins, S. (2009) 'A systematic review of food deserts, 1966—2007', *Prevention of Chronic Diseases,* vol 6, no 3, p A105.

13 Bevir, M. and Rhodes, R. (2003) *Interpreting British governance*, London: Routledge.

14 BIS (Department of Business, Innovation and Science) (2010) *Manufacturing in the UK: An economic analysis of the sector,* BIS Economics Paper No 10A, London: BIS.

15 Bloom, D., Canning, D. and Fink, G. (2011) *Implications of population aging for economic growth,* PGDA (Program on the Global Demography of Aging) Working Paper No 64, Cambridge, MA: Harvard University.

16 Brindley, T., Rydin, Y. and Stoker, G. (2006) *Remaking planning: The politics of urban change* (2nd edn), London: Routledge.

17 Brownill, S. (1990) *Developing London's Docklands: Another great planning disaster?,* London: PCP Press.

18 Buckner, L. and Escott, K. (2009) 'Jobs for communities: does local economic investment work?', *People, Place & Policy Online,* vol 3, no 3, pp157-70.

19 Carmona, M., Heath, T., Tiesdell, S. and Oc, T. (2010) *Public places—*

urban spaces (2nd edn), London: Architectural Press.

20 Carrell, S. (2012) 'Park becomes battleground in fight to preserve communal land', *The Guardian,* 13 June, p11.

21 CB Hillier Parker (2000) *Secondary shopping: Town centre dynamics: A research scoping paper,* London: National Retail Planning Forum.

22 Cheshire, P. (2005) 'Unpriced regulatory risk and the competition of rules: Unconsidered implications of land use planning', *Journal of Property Research,* vol 22, nos 2-3, pp225-44.

23 Cheshire, P. and Sheppard, S. (2004) 'Land markets and land market regulation: progress towards understanding', *Regional Science and Urban Economics,* vol 34, no 6, pp619-37.

24 Cheshire, P. and Sheppard, S. (2005) 'The introduction of price signals into land use planning decision-making: A proposal', *Urban Studies,* vol 42, no 4, pp647-63.

25 Collinson, P. (2012a) 'So this home is "affordable"?', *The Guardian Money Section,* 23 June.

26 Collinson, P. (2012b) 'Rent controls: should they be brought back?', *The Guardian,* 1 June.

27 Crawford, J., Davoudi, S. and Mehmood, A. (2009) *Planning for climate change: Strategies for mitigation and adaptation for spatial planners,* London: Earthscan.

28 Crook, T. and Whitehead, C. (2002) 'Social housing and planning gain: is this an appropriate way of providing affordable housing?', *Environment and Planning A,* vol 34, no 7, pp1259-79.

29 Cullingworth, J.B. (ed) (1999) *British planning: 50 years of urban and regional policy,* London: Athlone.

30 Curran, W. and Hamilton, T. (2012) 'Just green enough: contesting environmental gentrification in Greenpoint, Brooklyn', *Local Environment,* vol 17, no 9, pp1027-42.

31 Dale, A. and Newman, L. (2010) 'Social capital: a necessary and sufficient condition for sustainable community development?', *Community Development Journal,* vol 45, no 1, pp5-12.

32 Davis, E. (2011) *Made in Britain: Why our economy is more successful than you think,* London: Little Brown.

33 DCLG (Department for Communities and Local Government) (2006) *Empty dwelling management orders: Guidance for residential property owners,* London: DCLG.

34 DCLG (2007) *Strategic housing land availability assessments: Practice guidance,* London: DCLG.

35 DCLG (2010) *New policy document for planning obligations: Consultation,* London: DCLG.

36 DCLG (2011) *Enterprise Zone prospectus,* London: DCLG.

37 DCLG (2012a) *National Planning Policy Framework,* London: DCLG.

38 DCLG (2012b) *Reinvigorating Right to Buy and -ne-for-one Replacement: Information for local authorities,* London: DCLG.

39 DECC (Department of Energy and Climate Change) (2012a) *Fuel poverty monitoring indicators 2012: Annex to the annual report on fuel poverty statistics,* London: DECC.

40 DECC (2012b) *Improving energy efficiency in buildings: Resources guide for local authorities,* London: DECC.

41 Devine-Wright, P. (2007) 'Energy citizen: psychological aspects of evolution in sustainable energy technologies', in J. Murphy (ed) *Governing technology for sustainability,* London: Earthscan, pp63-86.

42 Devine-Wright, P. and Clayton, S. (2010) 'Introduction to the special issue: Place, identity and environmental behaviour', *Journal of Environmental Psychology,* vol 30, no 3, pp267-70.

43 Domenech, T. (2009) 'The role of industrial symbiosis in sustainable development', *The International Journal of Environmental, Cultural, Economic*

and Social Sustainability, vol 5, no 3, pp173-88.

44 Donnison, D. (1974) 'Policies for priority areas', *Journal of Social Policy,* vol 3, pp12735.

45 Dooling, S. (2012) 'Urban ecological accounting: a new calculus for planning urban parks in the era of sustainability', in J. Flint and M. Raco (eds) *The future of sustainable cities: Critical reflections,* Bristol: The Policy Press, pp179-201.

46 Dowler, E. and Caraher, M. (2003) 'Local food projects: The new philanthropy?', *The Political Quarterly,* vol 74, no 1, pp57-65.

47 Duncan, S. (1974) 'Cosmetic planning or social engineering? Improvement grants and improvement areas in Huddersfield', *Area,* vol 6, no 4, pp259-71.

48 Dunleavy, P. (1981) *The politics of mass housing in Britain, 1945—1975: A study of corporate power and professional influence in the welfare state,* Oxford: Oxford University Press.

49 Eizenberg, E. (2013) *From the ground up: Community gardens in New York City and the politics of spatial transformation,* Farnham: Ashgate Publishing.

50 Ellaway, A. and Macintyre, S. (2000) 'Shopping for food in socially contrasting localities', *British Food Journal,* vol 102, no 1, pp52-9.

51 Eriksen, E.O. and Weigård, J. (2003) *Understanding Habermas: Communicative action and deliberative democracy,* London: Continuum.

52 Evans, A. (1980) *Rabbit hutches on postage stamps: Economics, planning and development in the 1990s,* Cambridge: Granta Editions.

53 Evans, A. (2004) *Economics and land use planning,* Oxford: Blackwell Publishing.

54 Ferm, J. (forthcoming, 2014) 'Delivering affordable workspace: Perspectives of developers and workspace providers in London', *Progress in Planning.*

55 Flint, J. (2012) 'Neighbourhood sustainability: residents' perceptions and perspectives', in J. Flint and M. Raco (eds) *The future of sustainable cities:*

Critical reflections, Bristol: The Policy Press, pp203-23.

56 Fountain, H. (2012) 'Structures of wood, taller and greener', *The New York Times Supplement,* Observer, 24 June, p6.

57 Gallent, N. and Bell, P. (2000) 'Planning exceptions in rural England: Past, present and future', *Planning Practice & Research,* vol 15, no 4, pp375-84.

58 Gallent, N. and Robinson, S. (2012) *Neighbourhood planning: Communities, networks and governance,* Bristol: The Policy Press.

59 Garfield, D., Greenhalgh, L. and Ogun, M. (2013) *Budget briefing,* London: Local Government Information Unit.

60 Gibbs, D. (2000) 'Ecological modernisation, regional economic development and regional development agencies', *Geoforum,* vol 31, no 1, pp9-19.

61 Gibbs, D. (2003) 'Ecological modernisation and local economic development: the growth of eco-industrial development initiatives', *International Journal of Environment and Sustainable Development,* vol 2, no 3, pp1-17.

62 Gill, S.E., Handley, J.F., Ennos, A.R. and Pauleit, S. (2007) 'Adapting cities for climate change: The role of the green infrastructure', *Built Environment,* vol 33, no 1, pp115-33.

63 Gonzalez, S. and Waley, P. (2012) 'Traditional retail markets: the new gentrification frontier?', *Antipode,* published online 10 September.

64 Goodley, S. and Bowers, S. (2012) 'Effect of Olympics on house prices has been vastly overinflated', *The Guardian,* 16 June, p33.

65 GOS (Government Office for Science) (2007) *Tackling obesities: Future choices* (2nd edn), London: Department for Innovation, Universities and Skills.

66 GOS (2008) *Powering our lives: Sustainable energy management and the built environment,* London: Department for Business, Innovation and Skills.

67 Gray, J. (2012) 'A point of view', *BBC News Magazine,* 22 July.

68 Griffiths, I. (2010) 'Half a million houses are lying empty, Guardian research shows', *Guardian Online,* 4 April.

69 Guy, S. (2006) 'Designing urban knowledge: competing perspectives on energy and buildings', *Environment and Planning C: Government and Policy,* vol 24, pp645-59.

70 Guy, S. and Shove, E. (2000) *A sociology of energy, buildings and the environment: Constructing knowledge, designing practice,* London: Routledge.

71 Hague, C. and Hague, E. (2011) *Regional and local economic development,* London: Palgrave.

72 Hall, P. (1980) *Great planning disasters,* London: Weidenfeld & Nicholson.

73 Hall, P., Gracey, H., Drewett, R. and Thomas, R. (1973) *The containment of urban England,* London: Allen & Unwin.

74 Hamdi, N. (2010) *The placemaker's guide to building community,* London: Earthscan.

75 Hamnett, C. (1991) 'The blind men and the elephant: The explanation of gentrification', *Transactions of the Institute of British Geographers,* vol 16, no 2, pp173-89.

76 Hardin, G. (1968) 'The tragedy of the commons', *Science,* vol 162, no 3859, pp1243-8.

77 Hartig, T., Mang, M. and Evans, G.W. (1991) 'Restorative effects of natural environment experience', *Environment and Behavior,* vol 23, pp3-26.

78 Harvey, D. (1985) *The urbanization of capital,* Oxford: Blackwell Publishers.

79 Haskins, C. (2007) 'A systems engineering framework for ecoindustrial park formation', *Systems Engineering,* vol 10, pp83-97.

80 Healey, P. (2006) *Collaborative planning: Shaping places in fragmented societies* (2nd edn), London: Palgrave.

81 Hetherington, P. (2012) 'A model community', *The Guardian,* 4 April, p39.

82 Hielscher, S. (2011) *Community energy in the UK: A review of the research literature* (www.grassroots.org).

83 HM Government (2012) *The state of the estate in 2011,* London: HM Gov-

ernment.

84 Hillier, J. (2002) *Shadows of power: An allegory of prudence in land-use planning,* London: Routledge.

85 House of Commons (2008) *Public accounts: Fourteenth report,* London: Public Accounts Committee, Houses of Parliament.

86 Howard, E. (2010 [1898]) *To-morrow: A peaceful path to real reform,* Cambridge: Cambridge University Press.

87 Imrie, R. and Thomas, H. (1999) *British urban policy: An evaluation of the Urban Development Corporations,* London: Sage Publications.

88 Innes, J.E. and Booher, D.E. (2010) *Planning with complexity: An introduction to collaborative rationality for public policy,* London: Routledge.

89 Jackson, T. (2009) *Prosperity without growth: Economics for a finite planet,* London: Earthscan.

90 Jessop, B. (2008) *State power,* Cambridge: Polity Press.

91 Johnston, B. (2012) 'Report: help councils provide sites for local food', *Planning,* 18 May, p8.

92 Jones, A. (2013) *Policy briefing: Protecting low-income households from reducing carbon emissions,* London: Local Government Information Unit.

93 Jones, R. (2012) 'Have you got money to burn?', *The Guardian Money Section,* 23 June.

94 Kaszynska, P., Parkinson, J. and Fox, W. (2012) *Rethinking neighbourhood planning: From consultation to collaboration,* London: ResPublica with the Royal Institute of British Architects.

95 Kearns, A. (2003) 'Social capital, regeneration and urban policy', in R. Imrie and M. Raco (eds) *Urban renaissance? New Labour, community and urban policy,* Bristol: The Policy Press, pp37-60.

96 Kennedy, M. (2012) 'It's like a village again… Gritty east London get a smart new look', *The Guardian,* 23 June.

97 Kennelly, J. (2011) 'Sanitizing public space in Olympic host cities: The

spatial experiences of marginalized youth in 2010 Vancouver and 2012 London', *Sociology,* vol 45, no 5, pp765-81.

98 Kitchen, T. (2007) *Skills for planning practice,* London: Palgrave.

99 Kondratiev, N. (1925) *The major economic cycles* (in Russian), Moscow [publisher unknown]; trs. G. Daniels and published as (1984) *The long wave cycle,* New York, NY: Richardson & Snyder.

100 Kuznets, S. (1962) 'The new republic', 20 October, in C. Cobb, T. Halstead and J. Rowe (1995), 'If the GDP is up, why is America down', *The Atlantic Monthly October,* p67.

101 Lee, M., Armeni, C., de Cendra, J., Chaytor, S., Lock, S., Maslin, M., Redgwell, C. and Rydin, Y. (2013) 'Public participation and climate change infrastructure', *Journal of Environmental Law,* published online 15 December.

102 Lees, L. (2000) 'A reappraisal of gentrification: towards a "geography of gentrification"', *Progress in Human Geography,* vol 24, no 3, pp389-408.

103 Lees, L., Slater, T. and Wyly, E. (eds) (2008) *The Earthscan reader in gentrification,* London: Earthscan.

104 Lindblom, C.E. (1977) *Politics and markets,* New York: Basic Books.

105 Little, J. (2006) 'Lessons from Freiburg on creating a sustainable urban community', MArch dissertation (http://bergenokologiskelandsby.no/grupper/hus-og-energi/design-og-lokalsamfunn/baugruppeessay-rev-270508-199.pdf).

106 Loftman, P. and Nevin, B. (1995) 'Prestige projects and urban regeneration in the 1980s and 1990s: a review of benefits and limitations', *Planning Practice and Research,* vol 10, nos 3-4, pp299-316.

107 Lundqvist, L. (2004) *Sweden and ecological governance: Straddling the fence,* Manchester: Manchester University Press.

108 McVeigh, T. (2012) 'Free food, sharing and caring: the spirit of community is reborn in the Yorkshire hills', *Observer,* 6 May, p17.

109 Marmot Review (2010) *Fair society, healthy lives,* London: Department of

Health.

110 Middleton, A., Murie, A. and Groves, R. (2005) 'Social capital and neighbourhoods that work', *Urban Studies,* vol 42, no 10, pp1711-38.

111 Millington, A.F. (2000) *An introduction to property valuation* (5th edn), London: EG Books.

112 Minton, A. (2009) *Ground control: Fear and happiness in the twenty-first-century city,* London: Penguin Books.

113 Mol, A.P.J. and Sonnenfeld, D.A. (2000a) 'Ecological modernization around the world: An introduction', *Environmental Politics,* vol 9, no 1, pp1-14.

114 Mol, A.P.J. and Sonnenfeld, D.A. (2000b) *Ecological modernization around the world: Perspectives and critical debates,* London: Frank Cass.

115 Monk, S. and Burgess, G. (2012) *Capturing planning gain—The transition from Section 106 to the Community Infrastructure Levy,* London: Royal Institution of Chartered Surveyors.

116 Montague, A. (2012) *Review of the barriers to institutional investment in private rented homes,* London: Department for Communities and Local Government.

117 Murphy, J. and Gouldson, A. (2000) 'Environmental policy and industrial innovation: integrating environment and economy through ecological modernisation', *Geoforum,* vol 31, no 1, pp33-44.

118 Needham, B. (2006) *Planning, law and economics: The rules we make for using land,* London: Routledge.

119 NEF (New Economics Foundation) (2012) *Measuring well-being: A guide for practitioners,* London: NEF.

120 ODPM (Office of the Deputy Prime Minister) (2003) *Sustainable communities: Building for the future,* London: ODPM.

121 ONS (Office for National Statistics) (2012) *Pension trends—Chapter 2: Population change,* London: ONS.

122 Ostrom, E. (1994) *Rules, games and common-pool resources, Ann Arbor,* MI: University of Michigan Press.

123 Ostrom, E., Gardner, R. and Walker, J. (1990) *Governing the commons: The evolution of institutions for collective action,* Cambridge: Cambridge University Press.

124 Oxley, M. (2004) *Economics, planning and housing,* London: Palgrave.

125 Pennington, M. (2000) *Planning and the political market: Public choice and the politics of government failure,* London: Athlone Press.

126 Pennington, M. and Rydin, Y. (2000) 'Researching social capital in local environmental policy contexts', *Policy & Politics,* vol 28, no 2, pp33-49.

127 Perman, R., Ma, Y., Common, M., Maddison, D. and Mcgilvray, J. (2011) *Natural resource and environmental economics* (4th edn), London: Pearson.

128 Pickard, J. and Parker, G. (2013) 'Coalition plans push to revive housing', *Financial Times,* 4 March.

129 Pickerill, J. and Maxey, L. (2009) 'Geographies of sustainability: Low impact developments and radical spaces of innovation', *Geography Compass,* vol 3, no 4, pp1515-39.

130 Pickerill, J. and Maxey, L. (2012), 'Low impact development: Radical housing solutions from the grassroots', in A. Davies (ed) *Enterprising communities: Grassroots sustainability innovations,* Dublin: Emerald Group Publishing Limited, pp65-83.

131 Pierre, J. (ed) (2000) *Debating governance: Authority, steering, and democracy,* Oxford: Oxford University Press.

132 Pierre, J. and Peters, B.G. (2000) *Governance, politics and the state,* London: Macmillan.

133 Pillarisetti, J.R. (2005) 'The World Bank's "genuine savings" measure and sustainability', *Ecological Economics,* vol 55, no 4, pp599-609.

134 Pugh, T., MacKenzie, A.R., Whyatt, J.D. and Hewitt, C.N. (2012)

'Effectiveness of green infrastructure for improvement of air quality in urban street canyons', *Environmental Science and Technology,* vol 46, no 14, pp7692-9.

135 Robinson, N., Caraher, M. and Lang, T. (2000) 'Access to shops: the views of low-income shoppers', *Health Education Journal,* vol 59, no 2, pp121-36.

136 Roger Tym and Partners (2000) *Secondary shopping: Retail capacity and need: A scoping paper,* London: National Retail Planning Forum.

137 Roseland, M. (2012) *Toward sustainable communities: Solutions for citizens and their governments* (4th edn), Gabriola Island, BC: New Society Publishers.

138 Rozee, L. and Powell, K. (2010) *Mediation in planning,* London and Bristol: National Planning Forum and the Planning Inspectorate.

139 Rydin, Y. (1986) *Housing land policy,* Farnham: Ashgate Publishing.

140 Rydin, Y. (1999) 'Public participation in planning', in B. Cullingworth (ed) *British planning: 50 years of urban and regional policy,* London: Athlone Press, pp184-97.

141 Rydin, Y. (2003) *Urban and environmental planning* (2nd edn), London: Palgrave.

142 Rydin, Y. (2010a) *The purpose of planning,* Bristol: The Policy Press.

143 Rydin, Y. (2010b) *Governing for sustainable urban development,* London: Earthscan.

144 Rydin, Y. and Holman, N. (2004) 'Re-evaluating the contribution of social capital in achieving sustainable development', *Local Environment,* vol 9, no 2, pp117-33.

145 Rydin Y. and Pennington, M. (2000) 'Public participation and local environmental planning: the collective action problem and the potential of social capital', *Local Environment,* vol 5, no 2, pp153-69.

146 Rydin, Y. et al (2012) 'Shaping cities for health: complexity and the

planning of urban environments in the 21st century', *The Lancet,* vol 379, no 9831, pp2079-108.

147 Scarrett, D. (1990) *Property valuation: The five methods,* London: Taylor & Francis.

148 Schumpeter, J. (1943) *Capitalism, socialism and democracy,* London: G. Allen & Unwin.

149 Seyfang, G. and Haxeltine, A. (2012) 'Growing grassroots innovations: exploring the role of community-based social movements in sustainable energy transitions', *Environment and Planning C,* vol 3, no 3, pp381-400.

150 Sillett, J. (2013) *Policy briefing: Managing budgeting in government: Public Accounts Committee report,* London: Local Government Information Unit.

151 Smith, L. (2012) *Planning reform proposals: House of Commons Library Standard Note SN/SC/6418,* London: House of Commons.

152 Smith, N. (1996) *The new urban frontier: Gentrification and the revanchist city,* London: Routledge.

153 SQW Consulting (2010) *Meanwhile use: Business case and learning points,* Cambridge: SQW (www.meanwhile.org.uk/useful-info/misc/SQW%20-%20Meanwhile%20Use%20Report%20May%2010.pdf).

154 Stephens, M. and Williams, P. (2012) *Tackling housing market volatility in the UK: A progress report,* York: Joseph Rowntree Trust.

155 Stoker, G. (2003) *Transforming local governance: From Thatcherism to New Labour,* Basingstoke: Palgrave Macmillan.

156 Stone, C. (1989) *Regime politics: Governing Atlanta, 1946-1988, St Lawrence,* KS: University of Kansas Press.

157 Sturgis, S. and Roberts, G. (2010) *Redefining zero: Carbon profiling as a solution to whole life carbon emission measurement in buildings,* London: RICS Research.

158 TCPA (Town and Country Planning Association) (2011) *Re-imagining Garden Cities for the 21st century: Benefits and lessons in bringing forward*

comprehensively planned new communities, London: TCPA.

159 Tewdwr-Jones, M. and Allmendinger, P. (1998) 'Deconstructing communicative rationality: a critique of Habermasian collaborative planning', *Environment and Planning A,* vol 30, pp1975-90.

160 Thornley, A. (2012) 'The 2012 London Olympics: what legacy?', *Journal of Policy Research in Tourism, Leisure and Events,* vol 4, no 2, pp206-10.

161 Tzoulas, K., Korpela, K., Venn, S., Yli-Pelkonen, V., Ka? mierczak, A., Niemela, J. and James, P. (2007) 'Promoting ecosystem and human health in urban areas using green infrastructure: A literature review', *Landscape and Urban Planning,* vol 81, no 3, pp167-78.

162 Ulrich, R.S. (1984) 'View through a window may influence recovery from surgery', *Science,* vol 224, pp420-1.

163 Urban Task Force (2005) *Towards a strong urban renaissance: An independent report by members of the Urban Task Force chaired by Lord Rogers of Riverside,* London: Urban Task Force.

164 von Weizsäcker, E., Lovins, A.B. and Hunter Lovins, L. (1998) *Factor Four: Doubling wealth—Halving resource use,* London: Earthscan.

165 Walker, G. (2012) *Environmental justice: Concepts, evidence and politics,* London: Routledge.

166 Ward, S. (2004) *Planning and urban change,* London: Sage Publications.

167 Wates, N. (2000) *The community planning handbook: How people can shape their cities, towns and villages in any part of the world,* London: Earthscan.

168 Whitehead, C. (2007) 'Planning policies and affordable housing: England as a successful case study?', *Housing Studies,* vol 22, no 1, pp25-44.

169 Williams, J. (2012) *Zero-carbon homes: A road map,* London: Earthscan.
Wilkinson, R. and Pickett, K. (2010) *The spirit level: Why equality is better for everyone,* London: Penguin Publishers.

170 Wolf, K.L. and Flora, K. (2010) *Mental health and function—A literature*

review, Seattle, WA: College of the Environment, University of Washington (http://depts.washington.edu/hhwb/Thm_Mental.html).

171 Woodin, T., Crook, D. and Carpentier, V. (2010) *Community and mutual ownership: A historical overview,* York: Joseph Rowntree Foundation.

172 Wrigley, N. (2002) '"Food deserts" in British cities: Policy context and research priorities', *Urban Studies,* vol 39, no 11, pp2029-40.

173 WSBF (Westminster Sustainable Business Forum) (2011) *Leaner and greener: Delivering effective estate management,* London: WSBF.

174 Young, S.C. (ed) (2000) *The emergence of ecological modernization: Integrating the environment and the economy?,* London: Routledge.

175 Zero Carbon Hub (2011) *Allowable solutions for tomorrow's new homes: Towards a workable framework,* London: Zero Carbon Hub.

176 Zukin, S. (1987) 'Gentrification: Culture and capital in the urban core', *Annual Review of Sociology,* vol 13, pp129-47.

索 引

A

B

C

D

E

F

G

H

I

J

K

L

M

N

O

P

Q

R

S

T

U

V

W

Z